Olivier Koudamiloro

Risques hydroclimatiques dans le bassin versant de l'Ouémé à Bétérou

AF004562

Olivier Koudamiloro

Risques hydroclimatiques dans le bassin versant de l'Ouémé à Bétérou

Risques hydroclimatiques

Presses Académiques Francophones

Impressum / Mentions légales

Bibliografische Information der Deutschen Nationalbibliothek: Die Deutsche Nationalbibliothek verzeichnet diese Publikation in der Deutschen Nationalbibliografie; detaillierte bibliografische Daten sind im Internet über http://dnb.d-nb.de abrufbar.

Alle in diesem Buch genannten Marken und Produktnamen unterliegen warenzeichen-, marken- oder patentrechtlichem Schutz bzw. sind Warenzeichen oder eingetragene Warenzeichen der jeweiligen Inhaber. Die Wiedergabe von Marken, Produktnamen, Gebrauchsnamen, Handelsnamen, Warenbezeichnungen u.s.w. in diesem Werk berechtigt auch ohne besondere Kennzeichnung nicht zu der Annahme, dass solche Namen im Sinne der Warenzeichen- und Markenschutzgesetzgebung als frei zu betrachten wären und daher von jedermann benutzt werden dürften.

Information bibliographique publiée par la Deutsche Nationalbibliothek: La Deutsche Nationalbibliothek inscrit cette publication à la Deutsche Nationalbibliografie; des données bibliographiques détaillées sont disponibles sur internet à l'adresse http://dnb.d-nb.de.

Toutes marques et noms de produits mentionnés dans ce livre demeurent sous la protection des marques, des marques déposées et des brevets, et sont des marques ou des marques déposées de leurs détenteurs respectifs. L'utilisation des marques, noms de produits, noms communs, noms commerciaux, descriptions de produits, etc, même sans qu'ils soient mentionnés de façon particulière dans ce livre ne signifie en aucune façon que ces noms peuvent être utilisés sans restriction à l'égard de la législation pour la protection des marques et des marques déposées et pourraient donc être utilisés par quiconque.

Coverbild / Photo de couverture: www.ingimage.com

Verlag / Editeur:
Presses Académiques Francophones
ist ein Imprint der / est une marque déposée de
OmniScriptum GmbH & Co. KG
Heinrich-Böcking-Str. 6-8, 66121 Saarbrücken, Deutschland / Allemagne
Email: info@presses-academiques.com

Herstellung: siehe letzte Seite /
Impression: voir la dernière page
ISBN: 978-3-8416-2726-1

Copyright / Droit d'auteur © 2015 OmniScriptum GmbH & Co. KG
Alle Rechte vorbehalten. / Tous droits réservés. Saarbrücken 2015

SOMMAIRE

SOMMAIRE 1
SIGLES ET ACRONYMES 2
Avant-propos 3
Résumé 5
Abstract 5
INTRODUCTION 6
CHAPITRE I : CADRES THEORIQUE ET GEOGRAPHIQUE DU SECTEUR D'ETUDE 8
1.1-PROBLEMATIQUE 8
1.2-Revue de littérature 11
1.3-Clarification des concepts 16
1.4-Cadre d'étude 21
CHAPITRE II : CADRE CONCEPTUEL ET APPROCHE METHODOLOGIQUE 30
2.1-Cadre conceptuel 30
2.2-Données collectées 31
2.3-Outils de collecte des données 33
2.4-Technique de collecte des données 33
2.5-Méthode de traitement des données 35
2.6-Méthodes d'analyse des résultats 39
CHAPITRE III : RESULTATS ET DISCUSSION 41
3.1-Caractérisation des risques hydroclimatiques dans le bassin versant de l'Ouémé à Bétérou 41
3.2-Effets socio-économiques, environnementaux et sanitaires des aléas hydroclimatiques dans le bassin versant de l'Ouémé à Bétérou 55
3.3- Stratégies d'adaptation aux contraintes hydroclimatiques développées dans le bassin versant de l'Ouémé à Bétérou 66
Conclusion générale 75
Perspectives pour les travaux futurs 76
BIBLIOGRAPHIE 80
ANNEXES 90
TABLE DES MATIERES 96

SIGLES ET ACRONYMES

ASECNA	: Agence pour la Sécurité de la Navigation Aérienne en Afrique et à Madagascar
CNIB	: Communication Nationale Initiale du Bénin Développement
DG-EAU	: Direction Générale de l'eau
DH	: Direction de l'Hydraulique
DMN	: Direction de la Météorologie Nationale
DPPC	: Direction de la Prévention et de la Protection Civile
FAO	: Organisation des Nations Unies pour l'Alimentation et l'Agriculture
FIT	: Front Inter Tropical
FSA	: Faculté des Sciences Agronomiques
GIEC	: Groupe Intergouvernemental des Experts en Climatologie
INSAE	: Institut National de la Statistique et de l'Analyse Economique
LACEEDE	: Laboratoire Pierre PAGNEY : Climat, Eau, Ecosystème et Développement
MARP	: Méthode Active de Recherche Participative
MEPN	: Ministère de l'Environnement et de la Protection de la Nature
MEHU	: Ministère de l'Environnement, de l'Habitat et de l'Urbanisme
MISAT	: Ministère de l'Intérieur, de la Sécurité et de l'Administration Territoriale
MISP	: Ministère de l'Intérieur et de la Sécurité publique
MS	: Ministère de la Santé
OMM	: Organisation Mondiale de la Météorologie
ONG	: Organisation Non Gouvernementale
PEIR	: Pression-Etat-Impacts-Réponses
PNUD	: Programme des Nations Unies pour le Développement
RGPH	: Recensement General de la Population et de l'Habitation
SERHAU	: Société d'Etudes Régionales d'Habitat et d'Aménagement Urbain
SPI	: Standardized Precipitation Index
UNESCO	: United Nations Educational, Scientific and Cultural Organization
UNISDR	: Stratégie Internationale de Prévention des Catastrophes des Nations Unies

Avant-propos

Depuis plusieurs décennies les fluctuations climatiques perturbent non seulement le bon déroulement des activités socio-économiques mais elles font également partie des premiers risques qui fragilisent la santé des populations.

Ce mémoire de DEA intitulé « Risques hydroclimatiques dans le bassin versant de l'Ouémé à Bétérou » se veut une contribution à une meilleure connaissance des risques hydroclimatiques afin d'aider à renforcer les stratégies d'adaptation des populations.

Ce travail a été conduit à terme grâce à la précieuse contribution scientifique, matérielle et morale de plusieurs personnes à qui nous tenons à témoigner notre reconnaissance.

Nos reconnaissances à notre Directeur de mémoire, Le Professeur Christophe S. HOUSSOU, Professeur Titulaire du CAMES pour la disponibilité dont il a fait preuve en acceptant de diriger ce mémoire malgré ses multiples occupations. Qu'il reçoive ici, nos sincères et profonds remerciements pour ses grandes qualités scientifiques dont il nous a fait bénéficier.

Notre profonde gratitude au Dr Expédit W. VISSIN, Docteur en Hydroclimatologie, Maître de Conférences au DGAT qui nous a fait confiance et en dépit de ses multiples responsabilités, a accepté de codiriger ce travail, nous accordant ainsi le privilège de bénéficier de ses conseils, de ses remarques, de son analyse critique et de sa rigueur scientifique. Nous ne saurons trouver les mots justes pour lui exprimer toute notre gratitude, mais qu'il trouve, dans ces quelques lignes, la marque de notre respect et l'expression de notre admiration.

Nous tenons à remercier les membres du Laboratoire Pierre-Pagney, Climat, Eau, Ecosystèmes et Développement (LACEEDE) notamment les Dr Ernest AMOUSSOU, Ibouraïma YABI, Léocadie ODOULAMI, Cyr ETENE, Naessé ADJAHOSSOU, Romaric OGOUWALE, Henri TOTIN VODOUNON, Arsène AKOGNONGBE, Gervais ATCHADE, Akibou AKINDELE pour leurs nombreux appuis scientifiques et conseils.

Nous ne saurions oublier tous les ainés du Laboratoire Pierre-Pagney, Climat, Eau,

Ecosystèmes et Développement (LACEEDE) pour leur franche collaboration et les conditions de travail privilégiées qui nous ont été offertes et aussi pour leur sympathie. Nous pensons aux messieurs Japhet KODJA, Maximillien BOKO, Hervé KOUMASSI, Imorou OUROU-BARRE, Philippe A. CHABI, Florence GBESSO.

Nous adressons également nos remerciements à tout le personnel du Laboratoire de Biogéographie et d'Expertise Environnementale notamment Messieurs Abdoulaye DJAFAROU, Martin ASSABA, Tovidé Gérald, Darius BOSOU, Brice SOHOU.

A notre oncle Louis KOUDAMILORO et à nos frères et sœurs notamment Eric BIAOU, Augustin KOUDAMILORO nous exprimons notre profonde reconnaissance pour leur soutiens financiers et matériels, leurs nombreuses prières et leurs encouragements.

Nous remercions également Monsieur CHABI Séverin, instituteur à Bétérou pour tous les sacrifices qu'il a consentis pour la réussite de nos travaux de terrain.

Nous saluons et remercions aussi tous nos amis de promotion 2012-2013 du Diplôme d'Etude Approfondie (DEA) en Gestion de l'Environnement. Nous n'oublierons jamais tous les bons moments que nous avons passés ensemble. Merci pour vos encouragements et votre sollicitude.

Merci aussi à tous ceux qui, de près ou de loin ont contribué à l'aboutissement de ce travail.

Infiniment merci à tous !!!

Résumé

La connaissance des risques hydroclimatiques constitue un défi majeur pour les États africains, spécifiquement ceux de l'Afrique de l'Ouest qui présentent une sensibilité élevée aux situations extrêmes (inondations, sécheresses). L'objectif de ce travail est d'étudier les risques hydroclimatiques et les impacts de ces contraintes dans le bassin versant de l'Ouémé à Bétérou.

Pour atteindre cet objectif, des données climatologiques (hauteur de pluies journalières et mensuelles) et hydrométrique (débits) de 1971 à 2010 ont été collectées. Les données ont ensuite été traitées à l'aide des méthodes de statistique descriptive, et le modèle PEIR a été utilisé pour l'analyse des résultats.

L'analyse des résultats montre que le bassin versant de l'Ouémé à Bétérou est caractérisé par des sécheresses à des degrés divers, ainsi sur la période de 1971 à 2010, le calcul des SPI a montré que la zone a connu (10) années de sècheresse modérée, six (06) années de sècheresse forte, 19 années d'humidité modérée, 03 années d'humidité forte, une année de sécheresse extrême et une année d'humidité extrême.

De même l'étude a montré que les années ayant les valeurs « record » de pluies maximales journalières sur les différentes stations sont 2005 à Djougou avec 147,1 mm, 1974 à Bétérou avec 144 mm. Les conséquences de ces perturbations climatiques sont déjà perceptibles dans le milieu et constituent des aléas qui entravent le développement socio-économique. Les inondations impactent l'agriculture vivrière, les terres, la pêche, la santé humaine, les ressources en eau et la biodiversité dans tout le bassin. Les populations développent ainsi des stratégies pour s'adapter aux aléas naturels dans les différents secteurs d'activités.

L'étude a ainsi montré que les mesures d'adaptation aux contraintes hydroclimatiques, sur le plan agricole concernent les associations culturales, la mise en valeur des bas-fonds, les rotations de cultures, les assolements, l'augmentation des superficies cultivées.

Mots clés : Bassin versant de l'Ouémé à Bétérou, risques hydroclimatiques, déficits pluviométriques

Abstract

Management of hydro risks is a major challenge for African countries, specifically those in West Africa who have a high sensitivity to extreme situations (floods, droughts). The objective of this study is to analyze the hydro risks and impacts of these constraints in the watershed Ouémé to Bétérou.

To achieve this objective, climate data (height of daily and monthly rainfall) and hydrometric (debits) from 1971 to 2010 were collected. The data were then processed using descriptive statistical methods, and the PEIR model was used to analyze the results.

The analysis shows that the watershed Ouémé to Bétérou is characterized by droughts in varying degrees, and over the period of 1971-2010, the calculation of SPI showed that the area has experienced (10) years moderate drought, six (06) years of strong drought, 19 years of moderate humidity, 03 years of high humidity, a year of extreme drought and extreme humidity year.

The same study showed that the years the "record" values of maximum daily rainfall on different stations are 2005 Djougou with 147.1 mm, 1974 mm with 144 Bétérou. The consequences of these climatic disturbances are already visible in the middle and are the uncertainties that hinder socio-economic development. Floods impact the food crops, land, fisheries, human health, water resources and biodiversity throughout the basin. Populations and develop strategies to adapt to natural hazards in different industries.

The study showed that adaptation to hydro constraints; agriculturally affect farming associations, the development of lowlands, crop rotations, crop rotations, increased acreage.

Keywords: Watershed Ouémé to Bétérou, hydro risks, rainfall deficits

INTRODUCTION

Les États africains, spécifiquement ceux de l'Afrique de l'Ouest et Centrale présentent une sensibilité accrue aux situations extrêmes (inondations, sécheresses) en raison de leur structure économique, sociale et démographique. Ces extrêmes entraînent fréquemment des déplacements massifs de population, une paralysie économique, et dans les situations les plus graves, famines et pertes de nombreuses vies humaines (Ardoin-Bardin, 2004). Par conséquent, aucune région du monde n'est à l'abri des phénomènes hydroclimatiques, quel qu'en soit le type.

En effet, autant les contraintes hydroclimatiques de l'époque contemporaine perturbent le fonctionnement normal des activités socio-économiques, autant ils représentent des facteurs de risques qui fragilisent la santé des populations. (Boko, 2004).

Les climats de l'Afrique de l'Ouest et du Bénin subissent de fortes variations et les conséquences restent néfastes pour le développement durable (Ogouwalé, 2001).

Cette crise climatique peut être attribuable à l'absence, la rareté, l'excès ou la mauvaise répartition spatio-temporelle des pluies (Boko *et al.*, 2004 ; Vissin, 2007) ; ou encore à des choix sociaux qui relèguent la prévention des risques à un rang trop bas sur leur liste de priorités (Dionne, 2006).

Signalons également qu'en raison de leurs répercussions immédiates et durables sur le milieu naturel, les questions de changements et de variabilité climatiques font partie désormais des préoccupations des scientifiques et des décideurs politiques dans le monde. Le cycle de l'eau étant l'une des composantes majeures du climat, les implications de ces changements sur les ressources en eau sont importantes (Vissin, 2001). La maîtrise de l'eau devient ainsi une nécessité pour toute nation qui aspire au développement.

Au Bénin, les crues des grands cours d'eau constituent l'une des principales conséquences liées à la variation climatique. Les pluies se caractérisent par une forte irrégularité interannuelle dans leur abondance comme dans leur répartition spatiale (Kodja, 2011). Il faut aussi signaler que les récentes études menées par le GIEC évoquent à l'horizon 2025, pour l'environnement et l'homme, des risques hydroclimatiques (inondations, sécheresse, vague de chaleur, pluies et averses violentes…), liés aux changements climatiques (GIEC, 2007).

Ces phénomènes climatiques extrêmes touchent régulièrement de multiples secteurs notamment l'agriculture, la sécurité alimentaire, les ressources en eau et surtout la santé (FAO, 2011).

Il faut à cet égard, adopter une approche de gestion des risques hydroclimatiques qui soit concrète et centrée sur les problèmes en vue de garantir l'avenir. Le but premier de la gestion des risques de catastrophes est d'accroître la résilience des moyens d'existence ruraux et de mieux informer en vue d'une planification et d'une prise de décisions tenant compte du climat (FAO, 2007). La gestion des risques hydroclimatiques devrait ainsi permettre d'indiquer les actions à mener pour réduire leurs incidences sous certaines conditions de prévention, d'équipement et de formation. C'est donc dans ce but qu'il est opportun d'analyser les contraintes hydroclimatiques et les impacts de ces contraintes dans le bassin versant de l'Ouémé à Bétérou. Le présent mémoire s'articule autour de trois chapitres.

Le premier chapitre présente le cadre théorique et les fondements biophysiques du bassin versant de l'Ouémé à Bétérou. Le cadre conceptuel et l'approche méthodologique de l'étude de la gestion des risques hydroclimatiques sont décrits dans le deuxième chapitre. Les résultats obtenus dans cette étude et les perspectives pour les études futures sont présentés dans le troisième chapitre.

CHAPITRE I : CADRES THEORIQUE ET GEOGRAPHIQUE DU SECTEUR D'ETUDE

Ce chapitre I a pour but de présenter les raisons qui sous-tendent le choix du sujet, de faire le point des connaissances acquises et de présenter la clarification des concepts clés. Il analyse les différents paramètres du milieu physique, le cadre humain et le contexte climatique du bassin versant de l'Ouémé à Bétérou.

1.1-PROBLEMATIQUE

L'Afrique est aujourd'hui confrontée à la perversité de la variabilité climatique et au défi de la gestion des risques climatiques en constante augmentation qui en découlent. Le nombre de catastrophes hydrométéorologiques (sécheresses, inondations, tempêtes de vent, feux de forêt ou glissements de terrain) s'est considérablement amplifié au cours des dernières décennies occasionnant des pertes de vie humaines, économiques et extinction des espèces faunistique et floristique (Bossa cité par Kodja, 2013). La pression humaine est forte sur les écosystèmes aquatiques, à cause des multiples fonctions et services qu'ils remplissent, et cela d'autant plus que la récession pluviométrique des dernières décennies fait peser une menace sur les ressources en eau du continent et qu'il s'agit des sociétés paysannes traditionnelles (Amoussou, 2010).

Le Bénin, comme la plupart des pays de l'Afrique de l'ouest est donc sujet à une variabilité pluviométrique de plus en plus marquée. Cette variabilité se manifeste par une tendance générale à la baisse de totaux pluviométriques annuels et la survenance des années pluviométriques extrêmement sèches ou pluvieuses (Ogouwalé, 2001).

Aussi les extrêmes pluviométriques associés en partie à l'augmentation de la vapeur d'eau atmosphérique vont s'accentuer avec la variation climatique renforçant ainsi le cycle de l'eau. On peut donc s'attendre au cours des années à venir à des situations contrastées alternées de sécheresse et d'excédents pluviométriques.

La conséquence serait l'augmentation des catastrophes hydro climatiques (Lequien, 2002). Les impacts socio économiques, sanitaires, psychologiques sur les groupes plus vulnérables sont considérables et aussi en l'absence de mesures d'adaptation et/ou de réduction de la vulnérabilité du secteur agricole une bonne partie de la population des pays serait exposée à des situations d'insécurité alimentaire due à ces événements de risques.

Le Bénin, comme la plupart des pays de l'Afrique de l'ouest subit à cet égard, les affres des risques climatiques, qui sont dus à des modifications à la fois naturelles et anthropiques (Houssou-goé, 2008).

La récurrence de ces risques ainsi que leurs interactions ne peuvent plus être ignorées aujourd'hui des décideurs publics ou privés et des citoyens. Ainsi, les populations répondent collectivement ou individuellement aux risques climatiques en général, à leurs effets néfastes et aux conséquences subies par des mesures adaptatives d'ordres préventifs ou curatifs (Aho, 2006).

Au Bénin en général, et dans le bassin de l'Ouémé à Bétérou en particulier, il est noté un stress hydrique d'origine climatique et anthropique au cours de ces dernières années (Zannou, 2011). Cela peut avoir beaucoup de conséquences, outre les pertes en vies humaines et de biens matériels qu'ils peuvent engendrer, ces risques hydrométéorologiques peuvent causer, faute d'une gestion adéquate, des migrations massives de populations, des désastres écologiques ainsi que des pénuries de vivres, d'énergie, d'eau et d'autres biens essentiels (OMM, 2006). Ce bassin, comme tous les autres de la sous-région, est affecté par la variabilité climatique qui sévit depuis les années 1920. Elle se manifeste par une succession aléatoire de périodes sèches et humides. Ce le bassin versant est donc sensible aux situations de stress qu'à celle de la recharge hydrique (Le lay, 2006).

Les températures minimales connaissent une augmentation non négligeable de leurs valeurs dans tout le bassin de l'Ouémé à Bétérou. Par ailleurs, depuis 1993 les températures minimales moyennes dans ledit bassin ont une valeur supérieure à 27°C. Le bassin de l'Ouémé à Bétérou est aussi soumis à une variabilité spatio-temporelle des indices d'humidité. Ce qui explique que les cultures se trouvent dans des conditions moins optimales. La culture de l'igname par exemple dans le bassin de l'Ouémé à Bétérou subit des déficits hydriques très accentué en début de culture. Cela entraîne parfois des résemis. Il faut remarquer également que les excédents constatés lors de la maturité provoquent parfois au pourrissement des tubercules (Oyéniran, 2011). Ce qui augmente la vulnérabilité des populations et nuit au processus de développement dans le pays. Il paraît donc nécessaire de mener une étude sur les contraintes hydroclimatiques dans le bassin versant de l'Ouémé à Bétérou et analyser les impacts générés par ces contraintes sur le bien être des populations.

A partir de ces constats effectués, des interrogations suivantes méritent d'être posées :
Quels sont les risques hydro-climatiques existants dans le bassin versant de l'Ouémé à Bétérou ?
Quelles sont les impacts de ces risques hydroclimatiques sur la pérennité des ressources en eau dans le bassin et le bien être des populations?
Existent-ils des stratégies de gestion des risques hydroclimatiques dans le bassin versant de l'Ouémé à Bétérou ?
Pour répondre à ces interrogations des hypothèses ont été émises.

1.1.1-Hypothèses de travail

Pour mener à bien cette étude, les hypothèses ci-dessous ont été élaborées :
- ✓ le bassin versant de l'Ouémé à Bétérou est soumis a des risques hydroclimatiques avec des conséquences multiples;
- ✓ les populations développent des stratégies pour réduire les conséquences environnementales, socio-économiques et sanitaires des risques hydroclimatiques;
- ✓ les stratégies d'adaptation aux risques hydroclimatiques sont inefficaces dans le bassin versant de l'Ouémé à Bétérou.

Pour vérifier ces hypothèses, les objectifs suivants sont formulés.

1.1.2-Objectifs de recherche

L'objectif global de ce travail est d'étudier les risques hydroclimatiques dans le bassin versant de l'Ouémé à Bétérou.
De façon spécifique, il s'agit de :
- ✓ caractériser les risques hydroclimatiques et leurs impacts dans le bassin versant de l'Ouémé à Bétérou ;
- ✓ analyser les différentes stratégies d'adaptation aux risques hydroclimatiques dans le bassin versant de l'Ouémé à Bétérou ;

✓ proposer des mesures efficientes d'adaptation aux des risques hydroclimatiques dans le bassin versant de l'Ouémé à Bétérou.

1.2-Revue de littérature

Plusieurs recherches ont été réalisées sur la problématique des risques hydroclimatiques. La synthèse bibliographique réalisée dans le cadre de cette étude se rapporte aux études consacrées à l'identification des risques et de l'impact des risques. Cette revue est organisée suivant les thématiques ci-après :

➤ **Risques hydroclimatiques : identification, causes**

Frecaut et Pagney (1983), dans leur étude sur la dynamique des climats et de l'écoulement fluvial, ont montré que c'est dans les régions tropicales et subtropicales que l'on observe une grave dégradation de l'écoulement de surface, puisqu'une forte capacité d'évaporation coïncide avec une pénurie pluviale pratiquement toute l'année. L'irrégularité des précipitations se manifeste par des formes extrêmes : soit les averses énormes, soit les sécheresses climatiques qui déterminent souvent des étiages graves.

Les études de Boko (1988), Afouda (1990), Houndénou (1999) et de Ogouwalé (2004) montrent aussi dans leurs différentes études que la péjoration pluviométrique, la réduction de la durée de la saison agricole, la persistance des anomalies négatives et la hausse des températures minimales caractérisent désormais les climats du Bénin et modifient les régimes pluviométriques et les systèmes de production agricole.

De plus Liénou *et al.*, (2003), dans leurs travaux portant le système hydrologique du Yaéré (Extrême-Nord Cameroun) montrent de ce fait une faiblesse quasi générale des débits d'étiage, avec une tendance à la baisse régulière qu'accompagne une accélération du tarissement sur le bassin du Yaére. Ce phénomène traduit un amenuisement des réserves souterraines des bassins fluviaux suite à une réduction de leur alimentation, conséquence d'une succession d'années de pluviométrie faible, souvent aggravée par des perturbations d'origine anthropique.

Brou (2001), recherchant la relation entre climat et dynamique des écosystèmes dans le V Baoulé (Côte d'Ivoire), conclut que l'importance des déficits pluviométriques est susceptible de fragiliser les écosystèmes de forêt et de savane, surtout à l'occasion des années «anormalement sèches», comme ce fut le cas lors de la période 1982-1983.

Mahé *et al.*, (2002), mettent également en évidence un accroissement des coefficients d'écoulement sur un bassin de taille plus importante, le bassin versant du Nakambé à Wayen dont la superficie est voisine de 20 000 km² (Burkina Faso). Les auteurs pensent que le phénomène est tributaire des aléas climatiques mais aussi, et surtout, des activités anthropiques (destruction du couvert végétal naturel, augmentation des surfaces cultivées, augmentation des superficies des sols dénudés et réduction de la capacité en eau des sols).

Boko *et al.*, (2004), dans leurs travaux sur la gestion des risques hydro-climatiques et développement économique durable dans le bassin du Zou, ont montré que les incidences des aléas hydroclimatiques sur les écosystèmes, l'économie et la santé des populations sont perceptibles à travers les modifications que subit le paysage dont les composantes sont affectées par temps d'inondation ou de sécheresse. Ainsi les agrosystèmes des aires inondables sont les plus vulnérables à la recrudescence périodique des crues dans les localités riveraines des cours et plans d'eau. Les activités socio-économiques développées sur la base des ressources naturelles que constituent ces agrosystèmes sont menacées, selon le cas, par les inondations ou les sécheresses prolongées.

Donou (2007), a montré que le bassin du fleuve Ouémé à Bonou connait une forte variabilité pluviométrique marquée par une succession d'années déficitaires et excédentaires. Cette variabilité pluviométrique influe sur le régime hydrologique du fleuve. Ainsi sur la série 1952-2002 considérée, le fleuve a connu une dizaine d'années de crue qui correspondent aux années pluviométriques les plus excédentaires. En outre, la variabilité pluviométrique est à la base de l'apparition des évènements hydrologiques extrêmes que constituent les crues du fleuve de l'Ouémé dans son bassin à l'échelle de Bonou causant d'énormes dégâts au plan environnemental et humain. Face à ces phénomènes, des mesures et techniques de résilience développées sont peu efficaces.

Doukpolo (2007), dans son étude sur la variabilité et tendances pluviométriques dans le nord-ouest de la Centrafrique estime également que la diminution progressive de la pluviométrie, l'accentuation de l'irrégularité pluvieuse et le raccourcissement de la saison humide ont été confirmés. Ces fluctuations pluviométriques ont contribué à fragiliser l'environnement naturel fort déjà anthropisé. Les enjeux de cette variabilité sont préoccupants pour la gestion des ressources environnementales.

IDID (2010), pour sa part, a constaté que dans la région septentrionale, le mode de répartition des pluies évolue vers le retard des événements pluvieux et le raccourcissement de l'unique saison pluvieuse qui caractérise normalement la région. Ce qui détermine l'allongement de la période sèche et la violence des pluies.

Dans ce contexte, Olivry cité par Vissin (2001), a indiqué que sur le Bani (affluent du Niger) par exemple, le débit moyen annuel a baissé de 66 % entre 1924 et 1988, pour une diminution du volume pluviométrique annuel de 18 % sur la même période. Cette baisse observée au cours des décennies 1970 et 1980 a eu des répercussions importantes aux plans hydrologique et agronomique, mais aussi économique, social, voire politique. Ainsi, la baisse des rendements de cultures vivrières a entrainé, certaines années, des pénuries alimentaires (Vissin, 2001).

Ahouansou (2011), a aussi montré dans son étude portant sur l'influence de la dynamique du couvert végétal et du changement climatique sur les ressources en eau dans le bassin de la Mékrou à l'exutoire de Kompongou à l'horizon 2025 que l'un des principaux paramètres aggravants de la sécheresse est la canicule. En effet, elle est considérée comme une catastrophe naturelle lorsqu'elle provoque une sécheresse telle que les quantités d'eau disponibles dans les sols et les rivières ne peuvent plus couvrir les besoins des populations environnantes, entraînant des pertes en vies humaines ainsi que des ralentissements ou des arrêts de production de certaines entreprises.

Vissin *et al.,* (2011), ont dans leur étude sur les stratégies d'adaptation aux risques hydroclimatiques dans le bassin du Zou, montré que dans le bassin du Zou les aléas hydroclimatiques sont relatifs aux années humides et sèches. Ils caractérisent les périodes d'excédent ou de déficit pluvio-hydrologique. A chacune de ces phases hydroclimatiques correspond non seulement des risques pour la société et l'économie, mais également des avantages par moment.

Kodja (2013), dans son étude des risques hydroclimatiques dans la vallée de l'Ouémé à Bonou, a montré que la vallée de l'Ouémé à Bonou a connu une rupture dans les séries pluviométriques et hydrométriques depuis 1970, marquée par une réduction de la durée et de l'intensité de la saison des pluies. Il a ajouté que cette baisse de la pluviométrie et l'évolution exponentielle de la population contribuent à cause des activités anthropiques à l'intensification de l'utilisation des eaux, à la fragilisation, à la dégradation des écosystèmes aquatiques.

Dans ces différents travaux, il est montré un impact marqué des déficits pluviométriques des dernières décennies sur les milieux naturels et anthropiques.
Dans une approche de prise de décision, l'aspect gestion des risques hydroclimatiques reste encore non élucidé surtout dans le secteur d'étude.
De façon globale cette étude se veut entre autres d'identifier les éventuels risques hydroclimatiques et leurs impacts sur le développement local dans le bassin versant de l'Ouémé à Bétérou.

> **Stratégie d'adaptation aux risques hydroclimatiques**

Dans les pays les plus pauvres, l'adaptation est largement une question d'effort d'autonomie et d'initiative personnelle. Des millions de personnes disposant à peine de ressources suffisantes pour alimenter, vêtir et abriter leurs familles sont contraintes d'affecter des fonds et leur travail à des mesures d'adaptation.
L'adaptation vise à réduire la vulnérabilité et à renforcer la capacité d'adaptation, ou résilience de ceux qui tirent leurs moyens d'existence de ressources dépendantes du climat.

Il ressort des études réalisées par Senahoun (1994), sur le plateau adja que le climat est l'un des facteurs incertains susceptibles de modifier les productions agricoles. Ainsi, en réaction à l'évolution récente du climat, les populations paysannes ont procédé à des réajustements des pratiques agricoles (augmentation des emblavures et réalisation des semis échelonnés) et ont investi d'autres écosystèmes autrefois abandonnés (mise en valeur des bas-fonds et des berges des cours d'eau).

Selon la FAO (2011), un élément clé de la gestion intégrée des risques hydroclimatiques dans l'agriculture est la fourniture de produits d'information météorologiques et climatiques pouvant aider concrètement les agriculteurs, les éleveurs et les pêcheurs à gérer activement leurs risques et à améliorer les opportunités à l'échelon local. Le but premier de la gestion des risques de catastrophes est d'accroître la résilience des moyens d'existence ruraux, et de mieux informer en vue d'une planification et d'une prise de décisions tenant compte du climat.

Vissin et al., (2011), dans leur étude sur les stratégies d'adaptation aux risques hydroclimatiques dans le bassin du Zou ont montré que le système adaptatif primaire des populations du zou est inspiré des us et coutumes et des liaisons établies entre les facteurs physiques (climatiques et hydrologiques) et la culture. Sur le plan agricole les mesures utilisées concernent les associations de cultures, les rotations de cultures, les assolements, l'augmentation des superficies cultivées.

Koumassi et al., (2012), ont montré que la basse vallée de Mono à Djanglanmè est soumise à de forte variabilité hydroclimatique. Ceci a entraîné le bouleversement des systèmes de production. Pour réduire les risques liés aux conséquences des variabilités hydroclimatiques, les populations ont adopté la production de la banane plantain. Cette stratégie d'adaptation a permis de diversifier les cultures et constitue aussi une source de création d'emploi surtout pour les femmes. Il urge de mieux former les populations dans la perspective du développement de la culture de la banane dans le respect de la sauvegarde de l'environnement.

Kodja (2013), dans son étude des risques hydroclimatiques dans la vallée de l'Ouémé à Bonou a suggéré la prise en compte des secteurs vulnérables aux aléas, aux inondations et aux risques en intégrant les périodes d'occurrence des événements pluviohydrologiques extrêmes dans les politiques d'aménagement et du développement local. Pour l'aménagement hydroagricole par exemple, les barrages hydroagricoles doivent être réalisés, les billons doivent être disposés dans le sens des courbes de niveaux afin de protéger les cultures contre les pluies averses qui sont capables de détruire toutes les cultures. Par ailleurs, les cérémonies cultuelles et rituelles de mitigation périodiquement pratiquées par les chefs religieux, à l'endroit des divinités qui régissent la gestion des ressources climatiques et hydrologiques doivent être subventionnées.

Dans ce sens Dimon (2008), dans son étude portant sur les perception, savoirs locaux et stratégies d'adaptation des producteurs des communes de Kandi et de Banikoara aux changements climatiques, a affirmé que les peuples ruraux et autochtones détiennent leurs propres savoirs, pratiques et représentations de l'environnement naturel, ainsi que leurs propres conceptions de la manière dont les interactions des humains avec la nature doivent être gérées.

Eu égard à ce qui précède, ADF VII (2010) a rappelé que la gestion des risques climatiques est encore peu pratiquée en Afrique, où les organismes météorologique, hydrologique et climatique nationaux et sous régionaux sont souvent coupés des activités en cours dans le domaine du développement et relativement sous équipés. Il a aussi attiré l'attention des décideurs sur la nécessité de mieux connaître la variabilité climatique et de mieux gérer les risques qui y sont associés. Ce qui leur offre de véritables perspectives.

Les stratégies d'adaptation développées par les populations dans le bassin versant de l'Ouémé à Bétérou pour faire face à ces situations changeantes manquent dans la littérature. L'un des objectifs de ce travail est de caractériser d'une part les risques hydroclimatiques et d'autre part rapporter les informations sur les différentes stratégies adoptées par les populations pour faire face aux risques hydroclimatiques.

1.3-Clarification des concepts

La clarification des concepts n'est pas une simple définition littéraire, mais plutôt des explications qui cadrent avec le thème de recherche. Dans le cadre de ce travail, les concepts jugés importants font objet de définition.

Risque : dans le langage courant, le risque est «un danger éventuel plus ou moins prévisible» (Petit Robert, 1996) ou «un danger, inconvénient plus ou moins probable auquel on est exposé» (Petit Larousse, 2007). Le risque est la combinaison de la probabilité d'un événement et de ses conséquences négatives (Meylan et Musy, 1999 ; UNISDR, 2009). Cette définition est différente de celle de George et Verger (1996), selon laquelle le risque est la fréquence des accidents et des catastrophes provoquant la perte de vies humaines et/ou des dommages matériels graves. En conséquence, un risque se caractérise par deux composantes : le niveau de danger (probabilité d'occurrence d'un événement donné et intensité de l'aléa); et la gravité des effets ou des conséquences de l'événement supposé pouvoir se produire sur les enjeux. Dans cette étude, le risque est considéré comme tout danger important menaçant un groupe humain, soit du fait d'une menace naturelle, soit du fait de l'action même de l'homme.

Risque climatique : en agroclimatologie, le risque se caractérise par la fréquence d'apparition d'un événement climatique ou biologique qui peut être préjudiciable au développement (Houndénou, 1999). Dans ce cas, le risque peut être la sécheresse climatique, les cyclones, les coups de vents, les excès ou des déficits de température, l'attaque des cultures par des ravageurs. Le risque climatique peut être défini comme la probabilité d'avoir des pluies insuffisantes qui induisent la perte de tout ou une partie de la récolte (Eldin, 1989). Ainsi, le risque implique une notion de lourdes conséquences. En agriculture, Boussard (1979) définit le risque comme la variance des revenus des agriculteurs dus aux aléas climatiques.

Dans le cadre de cette recherche, risque climatique traduit, la fréquence d'apparition de la sécheresse, des coups de vent, des excès d'eau (inondations) car ce sont les facteurs principaux qui pourraient affecter dans les conditions actuelles le développement durable.

Vulnérabilité : pour le GIEC (2007), la vulnérabilité est le degré de capacité d'un système de faire face ou non aux effets néfastes du changement climatique (y compris la variabilité climatique et les extrêmes). Elle désigne ainsi la mesure dans laquelle un système est sensible « ou incapable de faire face » aux effets néfastes des changements climatiques, qu'il s'agisse de la variabilité climatique ou des extrêmes météorologiques (Nielson *et al.*, 2002). La vulnérabilité dépend du caractère, de l'ampleur et du rythme de l'évolution climatique, des variations auxquelles le système est exposé, de sa sensibilité et de sa capacité d'adaptation (GIEC, 2007).

Dans cette étude, la vulnérabilité fait référence à toute la gamme de facteurs qui exposent les populations rurales aux effets néfastes de la variabilité et des changements climatiques et hydrologiques du fait des contraintes bioclimatiques subies par les ressources dont elles dépendent. Le groupe vulnérable est l'ensemble des personnes présentant des caractéristiques communes (tirées de la perception des populations des déterminants de la vulnérabilité) et exposées aux effets de la variabilité hydroclimatique.

Crue : selon Strabon (1987) les crues sont des écoulements relativement forts d'un système fluvial mesurés par la hauteur d'eau ou le débit. C'est le gonflement au dessus du débit normal des eaux d'un cours d'eau à la suite de précipitation atmosphériques.
Selon Guilcher (1979), les crues ne doivent pas être confondues avec les hautes eaux moyennes : plus complètes, ce sont des phénomènes hors série. C'est par un abus de langage qu'on a l'habitude de parler de crue annuelle, car cette «crue annuelle» consiste en hautes eaux se répétant périodiquement. Une crue se définit par différents critères : sa genèse, sa durée, sa fréquence, son « débit de pointe », son volume. Ainsi elle est quinquennale, décennale, centennale ou millénaire.

Etiage : étymologiquement, « étiage » aurait été dérivé du mot « étier », terme qui désigne le canal qui amène l'eau de mer aux marais salants (Dacharry, 1996). L'étiage correspondait donc à l'état d'un étier après le retrait des eaux. Une seconde étymologie, recensée dans le Littré (1972), indique que le mot étiage pourrait renvoyer au terme latin« aestas » (été) donnant l'interprétation suivante : "le niveau de l'été pour une rivière ".
Les définitions actuelles de ce terme sont nombreuses et parfois vagues, même si l'on se réfère à un dictionnaire spécifique d'hydrologie. Si les définitions renvoient toujours à l'idée d'indigence, le contexte temporel du phénomène n'est par exemple pas toujours établi. Le Glossaire International d'Hydrologie (1992) décrit l'étiage comme le "plus bas niveau atteint par un cours d'eau ou un lac ", sans précision temporelle, alors que le Dictionnaire français d'hydrologie de surface (Roche, 1986)

inscrit cet événement dans un contexte annuel : "niveau annuelle plus bas atteint par un cours d'eau en un point donné ".

En fait, une acception large du terme étiage se justifie pleinement dans la mesure où, dans la pratique, les précisions sont apportées par les définitions statistiques de l'étiage qui réalisent la synthèse entre les différentes variables descriptives de ce phénomène. Selon Anctil *et al.,(* 2000) l'étiage se définit comme une baisse périodique des eaux d'un cours d'eau; il correspond au plus bas niveau des eaux. Il s'agit donc des débits observés en période de sécheresse, soit lorsque l'apport en eau de ruissellement est faible ou nul et que seul l'écoulement souterrain alimente les eaux de surface.

Sécheresse : aucune définition universelle n'existe pour le terme sécheresse. Les ingénieurs hydrauliciens, les agriculteurs, ou les citadins la perçoivent différemment.

La notion de sécheresse est généralement perçue différemment suivant les préoccupations des utilisateurs de l'eau. Elle est le plus souvent utilisée quand les besoins ne sont pas satisfaits (GAR, 2011).

Il existe trois types de sécheresse : la sécheresse météorologique, la sécheresse agricole et la sécheresse hydrologique. La sécheresse météorologique renvoie à un manque de précipitations dans la durée. La sécheresse agricole se produit lorsque l'humidité du sol est insuffisante pour subvenir aux besoins des cultures, des pâturages et des espèces des parcours. On parle de sécheresse hydrologique lorsque des niveaux d'eau inférieurs à la moyenne dans les lacs, les réservoirs, les fleuves, les cours d'eau et les eaux souterraines ont un impact sur les activités non agricoles comme le tourisme, les loisirs, la consommation d'eau en zones urbaines, la production d'énergie et la conservation des écosystèmes (GAR, 2011). Dans cette étude, seule la sécheresse météorologique est prise en compte.

Inondation : stade d'une crue où le fleuve sort de son lit majeur et envahit les zones basses environnantes (vallée, plaine). Selon George et *al.,* cité par Eténé (2010) l'inondation est l'invasion d'un territoire par les eaux, généralement due à une crue. Selon Hingray *et al.,* cité par Kodja (2011) les inondations sont des manifestations hydrologiques exceptionnelles liées à l'eau pluviale et à la remontée de nappe. Les inondations se produisent lorsque le débit des rivières dépasse une valeur, liée aux conditions topographiques d'écoulement. Elles correspondent au débordement des cours d'eau, le plus souvent en période de hautes eaux ou de crue, qui submerge les terrains voisins. Les inondations peuvent être lentes ou étendues suite à une crue lente et brutale (crue-éclair) après un orage violent ou un ou deux jours de fortes pluies sur sol sec (OMM cité par Ahouansou, 2011). Dans le cadre de cette étude les inondations sont celles liées à l'eau pluviale et aux crues du bassin versant de l'Ouémé à Bétérou.

Gestion des risques : processus complet d'évaluation du risque et du contrôle subséquent. C'est un ensemble d'activités coordonnées visant à diriger et piloter un organisme vis-à-vis du risque. La gestion du risque inclut typiquement l'appréciation du risque, la prévention du risque, le traitement du risque, l'acceptation du risque et la communication relative au risque (GIEC, 2012). Dans le cadre de ce travail, la gestion des risques est réduite à celle des risques hydroclimatiques qu'est l'ensemble des mesures, des comportements, des ajustements adoptés pour atténuer ou se prémunir des effets néfastes des aléas hydroclimatiques.

Stratégies d'adaptation : c'est l'ensemble des moyens d'ajustement d'un système face aux changements climatiques (y compris à la variabilité climatique et aux extrêmes climatiques) afin d'atténuer les dommages potentiels, d'exploiter les opportunités, ou de faire face aux conséquences (GIEC, 2007 ; Ogouwalé, 2006), fait une typologie de la capacité d'adaptation. Deux types de capacité ont été évoqués :

- ➢ la capacité d'adaptation des agrosystèmes : elle est assimilée à la résilience des systèmes naturels; c'est-à-dire leur aptitude à supporter les magnitudes de changement des paramètres du système ou de l'élément étudié pour revenir à des états de dynamique stable à moyen terme sans changement majeur de leurs physionomies, qualités et compositions spécifiques ;
- ➢ la capacité d'adaptation du système humain : il s'agit de l'aptitude d'une communauté à planifier, à se préparer pour faciliter et mettre en œuvre des mesures d'adaptation en tenant compte de ses atouts économiques, technologiques, institutionnels, etc. Pour cette étude, seule la capacité

d'adaptation du système humain sera abordée puis qu'il s'agit de répertorier les stratégies d'adaptation développées par les paysans.

Pour cette étude, seule la capacité d'adaptation du système humain sera abordée puis qu'il s'agit de répertorier les stratégies d'adaptation développées par les paysans.

1.4-Cadre d'étude

1.4.1-Situation géographique et administrative

Le bassin versant de l'Ouémé à Bétérou est situé au nord du Bénin et précisément entre les latitudes 9°11' et 10°13' au nord, et les longitudes 1°30' et 2°48' est. Il est à cheval sur 3 départements administratifs (Borgou, Donga et Atacora) et couvre 10 communes. Il est accessible par les deux principaux axes inter-états Nord-Ouest (Bassila-Djougou) et Nord-Est (Parakou-Malanville) en direction du nord à partir de Cotonou via Dassa sur environ 500 km (Zannou, 2011). La figure 1 présente la situation géographique du bassin versant de l'Ouémé à Bétérou.

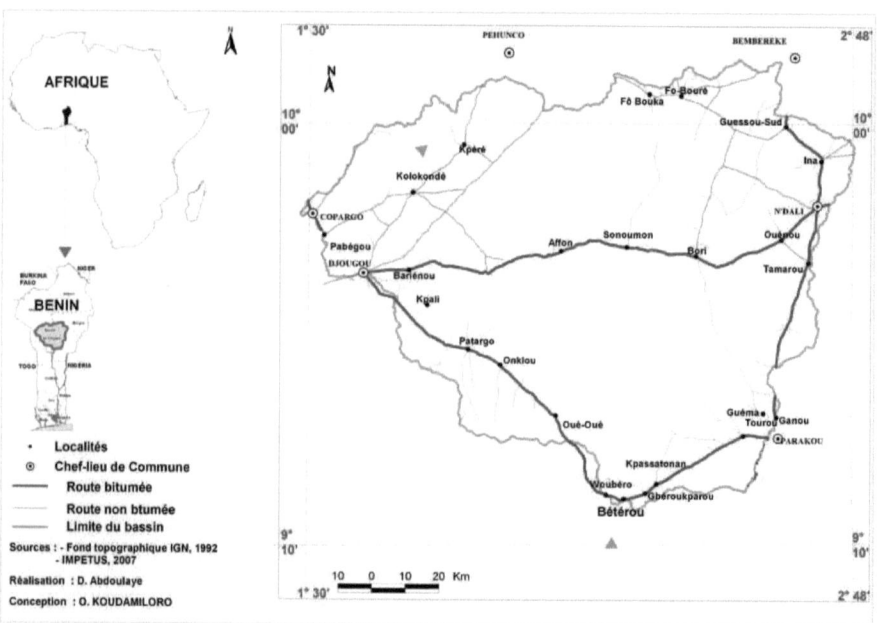

Figure 1: Situation géographique du bassin versant de l'Ouémé à Bétérou

1.4.2- Milieu physique du bassin versant de l'Ouémé à Bétérou

1.4.2.1- Aspects climatiques

Comme pour l'ensemble de l'Afrique de l'Ouest, le climat est régi par le déplacement du Front Inter Tropical (FIT), qui résulte de l'interaction de 2 masses d'air : l'air continental tropical, chaud et sec, venant du secteur Nord-Est à Est, appelé l'Harmattan et l'air équatorial maritime, humide et instable, originaire de l'anticyclone de Sainte-Hélène, appelé la Mousson. Le FIT se déplace sur un axe Nord-Sud au cours de l'année.

En été, la position du FIT est fortement écartée de l'équateur (maximum en août) et apporte beaucoup de pluie. En hiver, la position du FIT est proche de l'équateur, la saison sèche s'installe suite au retrait du FIT vers le Sud. L'alternance de la saison des pluies et de la saison sèche a une grande influence sur les autres éléments climatiques, tels que la température de l'air, l'humidité, les vents et l'évaporation (Zannou, 2011).

Le bassin versant de l'Ouémé à Bétérou est caractérisé par un climat de type soudanien avec une seule saison des pluies d'avril à octobre. La moyenne annuelle des précipitations est comprise entre 1200 et 1300 mm (Judex *et al.*, 2009). Ces fortes valeurs des hauteurs de pluies observées dans le bassin sont liées aux phénomènes orographiques. Les mois d'août et de septembre sont généralement les plus arrosés dans l'année. La figure 2 montre l'évolution mensuelle de la pluviométrie de 1971 à 2010 dans le bassin versant de l'Ouémé à Bétérou.

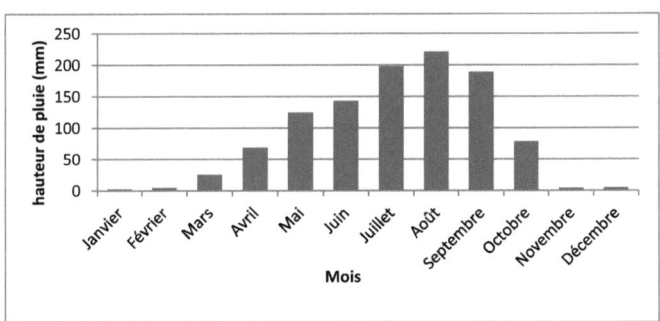

Figure 2 : Régime pluviométrique moyen du bassin versant de l'Ouémé à Bétérou de 1971 à 2010

L'examen de cette figure 2 montre que la pluie débute en avril, elle arrive à son maximum dans le mois d'août. Après le mois d'août elle commence par diminuer jusqu'au mois d'octobre. Aussi du mois de novembre à mars, il y a une baisse des hauteurs de pluie.

Ainsi d'après (Totin *et al.*, 2007), le bassin connaît deux saisons bien marquées : une saison sèche de mi-octobre à avril et une saison pluvieuse de mai à octobre.

Ainsi les conditions climatiques du bassin versant de l'Ouémé à Bétérou régies par les précipitations sont des données météorologiques intervenant dans la manifestation des risques hydroclimatiques.

1.4.2.2-Aspects géologiques

Les formations géologiques du sous-bassin versant de l'Ouémé à Bétérou sont mises en place sur un socle cristallin datant du précambrien (Dahoméyen et l'Atacorien) qui comprend des granites, des intrusions basiques et du gneiss (Le Barbé *et al.*, 1993). La figure 3 présente la carte géologique du bassin de l'Ouémé à Bétérou.

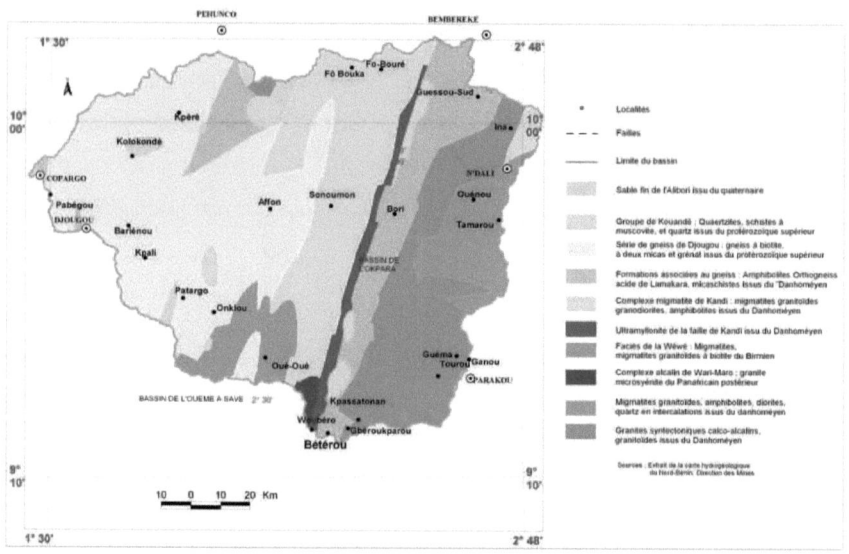

Figure 3 : Géologie du bassin versant de l'Ouémé à Bétérou

L'analyse de cette figure 3 montre que le bassin versant de l'Ouémé à Bétérou s'étend sur une dizaine de formations géologiques dont les plus importantes sont : la série de gneiss de Djougou, le complexe de migmatite de Kandi, le faciès de la Wèwè, les formations associées au gneiss, les migmatites granitoïdes issus du Danhoméyen et les granites syntectoniques calco-alcalins. Cet ensemble géologique est altéré par les facteurs climatiques notamment l'eau et la température. Ainsi, la circulation de l'eau dans les fractures du sous bassement diffuse le processus d'altération plus en profondeur vers le cœur de la roche saine, en isolant les galets dans une matrice de régolite (DH, 1985). Cette géologie caractéristique du bassin versant est déterminante dans la dynamique du milieu en raison du système de pentes qui favorise le ruissellement des eaux pluviales issues des précipitations et par suite des inondations.

1.4.2.3-Aspects pédologiques

Les formations pédologiques résultent de l'action combinée de plusieurs facteurs tels que le climat, les formations végétales, la roche mère, le type d'altération, l'histoire géomorphologique et les actions anthropiques (Kamagaté, 2006). Le bassin versant de l'Ouémé à Bétérou présente une variété de sols regroupant trois grands types :

- les sols minéraux bruts et peu évolués représentés par des cuirasses éparpillées dans le secteur,
- les sols sur quartzite du socle situé le long des collines et
- les sols à sesquioxyde de fer et de manganèse, sous-classe des sols ferrugineux tropicaux (Zannou, 2011).

Les sols sont en majorité des sols ferrugineux tropicaux et accessoirement des sols ferralitiques (figure 4)

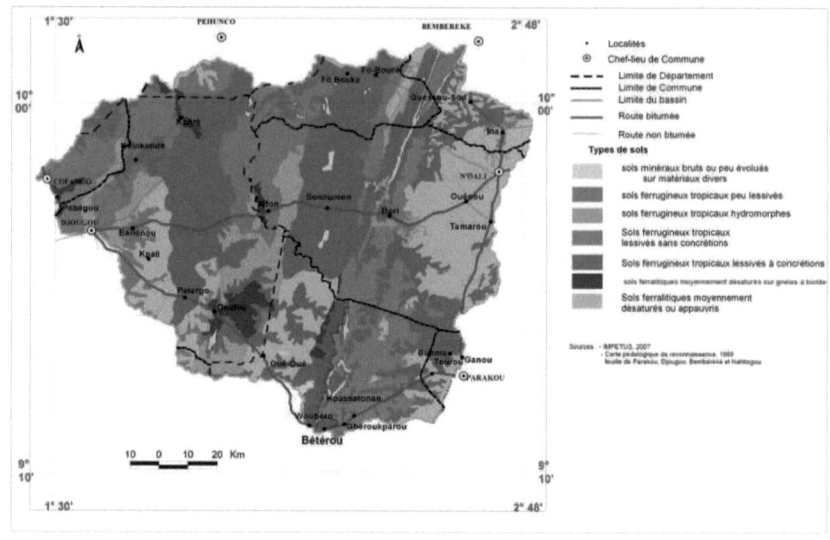

Figure 4 : Formations pédologiques du bassin versant de l'Ouémé à Bétérou

Au sein de cet ensemble de sols ferrugineux, caractéristiques des régions tropicales, existent plusieurs variantes qui s'expliquent par la nature de la roche mère. On note par exemple les sols ferrugineux tropicaux lessivés à concrétions, formés sur embréchiste, et les sols ferrugineux tropicaux lessivés à concrétions, formés sur du granito-gneissique.

Quant aux sols ferralitiques, ils sont des sols profonds, caractérisés par une altération complète des minéraux primaires de la roche et une élimination importante des bases, aboutissant à la formation de minéraux kaolinitiques et des oxydes métalliques (Abdoulaye, 2010). Ces formations pédologiques agissent de différente manière sur le régime des cours d'eau, le développement et la nature de la végétation.

1.4.2.4-Végétation

L'Ouémé à Bétérou se situe dans la zone continentale sèche. Sa végétation est caractérisée principalement par une savane boisée ou arborée avec présence de forêts classées, ainsi que des forêts-galeries le long des principales rivières (Zoumarou, 1998).

La végétation joue un rôle important dans le cycle de l'eau, comme moteur des échanges d'eau du manteau pédologique vers l'atmosphère (Abdoulaye, 2010). Elle a ainsi un impact sur la disponibilité d'eau dans le sol et par conséquence sur l'ensemble des processus hydrologiques qui en découlent.

Les formations végétales naturelles du bassin versant de l'Ouémé à Bétérou sont composées de forêts denses sèches, de galeries forestières, de forêts claires, savanes boisées, de savanes arborées et arbustives, de savanes herbeuses et de forêts denses semi-décidues. Les galeries forestières sont composées des espèces comme *Khaya grandifoliola (C. DC), Khaya senegalensis (Derr. A. Juss)*. Les forêts claires et les forêts denses semi-décidues comportent les espèces telles que *Berlinia grandiflora (Vahl Hutch. et Dalziel), Ceiba pentandra (L.) Gatern, Holoptelea grandis (Hutch.)*. Quant à la savane arbustive, elle s'est développée partout où la végétation naturelle a été touchée par l'activité humaine. Les forêts claires et les savanes boisées sont constituées par des espèces telles que : *Isoberlinia tomentosa (Harms Craib et Stapf., Monotes kerstingii (Gilg.), Pericopis laxiflora (Beuth.), Daniellia oliveri (Rolfe Hutch et Dalziel)., Vitellaria paradoxa (C. F. Gaertn. ssp.)* (PAMF cité par Abdoulaye, 2010). Ainsi la végétation participe à la régulation de la pluie et à travers son système racinaire protège les versants contre la dégradation et le ravinement.

En général, la végétation joue un rôle prépondérant dans la régularisation des eaux, rivières et fleuves et aussi dans la protection des bassins versants. Sa dégradation engendrerait donc une forte évaporation et par conséquent un assèchement rapide des nappes et des lits des cours ou plans d'eau dans le secteur d'étude.

1.4.3-Aspects humains

Les caractéristiques démographiques et économiques du secteur d'étude sont mises en évidence dans cette partie. Dans le secteur d'étude les groupes socio-culturels comme les Bariba, Nagots, Shabè, dendi sont les plus rencontrés (Abdoulaye, 2010). Ainsi après le deuxième Recensement Général de la Population et de l'Habitation de 1992, la population vivant dans le bassin versant de l'Ouémé à Bétérou était de 400083 habitants. La population de ce bassin est passée à 647346 habitants en 2002, soit un taux de croissance annuel de 1,08 % (INSAE, 2002).

L'augmentation de cette population témoigne du fort dynamisme que connait le bassin versant de l'Ouémé à Bétérou, surtout l'attirance du milieu par les colons agricoles en particulier ceux venant de l'Atacora pour y faire de l'agriculture. Cette population est estimée à 994056 habitants en 2013 selon l'INSAE. La figure 5 présente l'évolution de la population sur le bassin versant de l'Ouémé à Bétérou de 1979 à 2025.

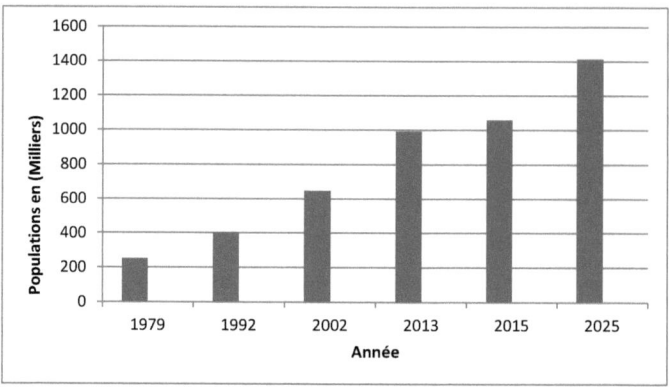

Figure 5 : Evolution de la population sur le bassin de 1979 à 2025
Source : INSAE, 2012

De l'examen de cette figure 5, il ressort que de 1979 à 2013 dans l'ensemble du bassin, la population a considérablement augmenté et presque doublé au cours de cette période. D'après les recherches menées sur le terrain, le croit démographique constitue une forte pression sur les ressources en eau avec pour corollaire, la dégradation de l'écosystème dans le bassin. Ces dégradations sont amplifiés par des comportements irresponsables et des activités que mène la population ; ce qui fera peser une menace plus importante sur la vie et les moyens de subsistance des pauvres que sur celle des autres groupes sociaux dans l'avenir vue la croissance démographique.

1.4.3.1-Activités économiques

Les populations du bassin versant de l'Ouémé à Bétérou exercent diverses activités dont les principales sont l'agriculture, l'élevage, la chasse et la pêche.

1.4.3.1.1-Agriculture

L'agriculture demeure la principale activité dans le bassin versant de l'Ouémé à Bétérou. Elle occupe plus de 80 % de la population active (Abdoulaye, 2010). L'agriculture pratiquée dans cette région est de type traditionnel. Les techniques de production utilisées sont rudimentaires. La pression humaine sur les terres du fait de la croissance démographique entraîne une forte dégradation du milieu naturel et une perturbation des équilibres environnementaux (Sounon, 2007). Les principales cultures sont : le maïs, l'igname, le manioc, le sorgho, l'arachide, le niébé et le riz (Abdoulaye, 2010). L'augmentation des superficies emblavées suite à l'afflux des migrants du sud, du nord du Bénin et ceux du Togo, entraîne l'augmentation de la pression exercée sur les aires protégées de la région. Cette situation est favorisée par l'accès facile à la terre des ouvriers d'hier, devenus agriculteurs aujourd'hui. Depuis quelques années, les jachères sont transformées en plantation d'anacardier (Houinato, 2001 ; Mulindabigwi et Janssens, 2003 ; Sinsin *et al.* cité par Abdoulaye, 2010). Les photos 1 et 2 présentent respectivement un champ d'igname à Bétérou et un champ de piment à Sanson.

Photo 1 : culture d'ignames à Bétérou **Photo 2 :** Culture de piment Sanson
Prise de vue : KOUDAMILORO O., Novembre 2013

La production agricole est essentiellement basée sur les cultures vivrières (céréales et tubercules) et les cultures de rentes (coton, arachide et anacarde). On y produit par endroits des légumineuses essentiellement destinées à la consommation locale. En plus de l'agriculture, il existe d'autres activités telles que l'élevage, la chasse, l'exploitation forestière, la pêche.

Quant à l'élevage, elle est la deuxième activité économique après l'agriculture dans le secteur d'étude. En effet, dans chaque ménage, les animaux domestiques tels que les volailles et les petits ruminants sont élevés. L'élevage des bovins est réservé aux Peulh. La race bovine élevée est constituée essentiellement de taurins et de quelques zébus. Les espèces Somba et Borgou sont les plus élevées par les agro-éleveurs et les transhumants nationaux (Houinato, 2001 ; Mulindabigwi et Janssens, 2003). Du point de vue écologique, cet élevage a un impact facilement appréciable sur le couvert végétal, notamment sur les arbres fourragers de saison sèche que sont *Afzelia africana, Khaya senegalensis et Pterocarpus erinaceus,* souvent étagés sans discernement.

Il convient de retenir, au terme de ce chapitre I, que d'assez nombreuses études ont été réalisées sur des axes de la thématique de ce mémoire. Ce milieu brièvement présenté constitue le domaine d'étude de ce travail qui nécessite le choix de méthodes adéquates. Donc il est nécessaire de présenter dans le chapitre suivant l'approche méthodologique ayant permis de collecter, de traiter les données et d'analyser les résultats pour la caractérisation des risques hydroclimatiques et ses impacts sur le développement local.

CHAPITRE II : CADRE CONCEPTUEL ET APPROCHE METHODOLOGIQUE

Ce chapitre II présente le cadre conceptuel de cette étude et la méthodologie utilisée afin de pouvoir obtenir des résultats. Il précise les sources et la qualité des données collectées sur le terrain et les techniques utilisées. Il expose également les méthodes retenues pour les traitements des données et les modèles d'analyse des risques hydroclimatiques dans le bassin versant de l'Ouémé à Bétérou.

2.1-Cadre conceptuel

La gestion des risques est un processus de recours systématique aux directives, compétences opérationnelles, capacités et organisation administratives pour mettre en œuvre les politiques, stratégies et capacités de réponse appropriées en vue de réduire les dommages et les pertes potentielles liées aux risques. La figure 6 présente le schéma conceptuel de cette étude.

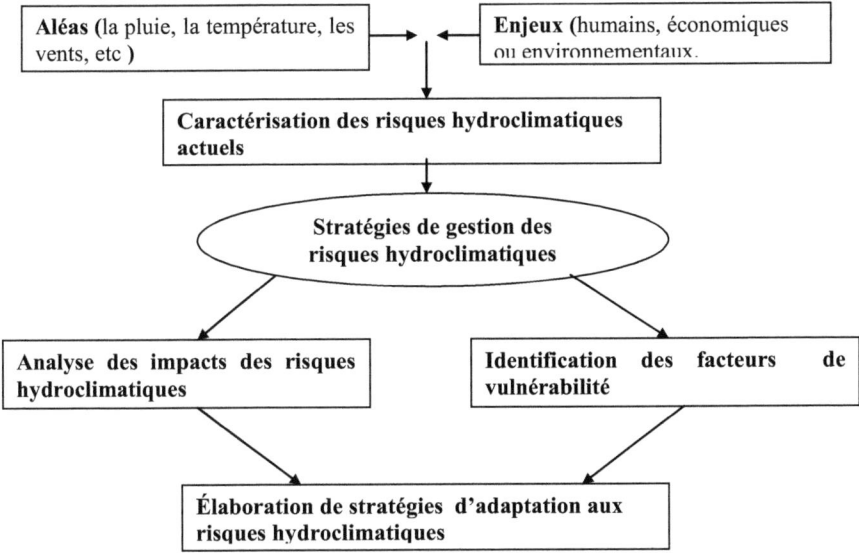

Figure 6 : Schéma conceptuel des risques hydroclimatiques dans le bassin versant de l'Ouémé à Bétérou

De l'analyse de cette figure 6, il faut retenir que le cadre de gestion des risques se réfère ici à des événements climatiques extrêmes, et les étapes énumérées s'appliquent généralement à ces aléas climatiques. Ainsi le risque est la confrontation d'un aléa (phénomène naturel) et d'une zone géographique où existent des enjeux qui peuvent être humains, économiques ou environnementaux. L'identification des risques, dans le cadre de cette étude consiste à repérer les risques associés aux phénomènes hydroclimatiques extrêmes résultant du changement climatique et amplifiés par les actions anthropiques.

2.2-Données collectées

Les données collectées et exploitées dans le cadre de cette étude, ont principalement trait d'une part aux perceptions et aux stratégies d'adaptation développées par les acteurs enquêtés et d'autre part aux données hydroclimatiques. Il s'agit notamment :

- des données climatologiques (hauteur de pluies journalières et mensuelles, l'Evapotranspiration Potentielle (ETP), la température moyennes mensuelles, l'Humidité Relative (HR), sur la période de 1971 à 2010 sont obtenues à l'ASECNA et au LACEEDE.

- les données hydrologiques constituées des débits journaliers et mensuels du fleuve Ouémé à l'exutoire de Bétérou, sur la période 1971-2010 sont extraites de la base de données de la DG-Eau. Pour la constitution des débits maximaux, les débits instantanés les plus élevés de chaque année de la série 1971-2010 ont été extraits de la série des données hydrologiques disponibles à la station de Bétérou.

- des données sanitaires concernent aussi quelques cas de pathologies telles que le paludisme, les maladies diarrhéiques et les IRA (Infections Respiratoires Aigües), etc. sur la période allant de 2002 à 2013 sont collectées dans la base des données du Ministère de la santé.

- les données socio-économiques et démographiques du bassin versant de l'Ouémé à Bétérou ont été collectées dans les bases statistiques de l'INSAE en considérant les données des RGPH de 2002 et 2012 et sont complétées par les informations relatives aux modes de gestion des risques hydroclimatiques qui sont collectées sur le terrain.

> **Critiques des données utilisées**

En remontant dans le temps, il est constaté que les bases de données présentent souvent des faiblesses qu'il faut combler artificiellement : la reconstitution s'effectue à partir de diverses procédures fondées sur des lois mathématiques et les relevés des stations voisines.

D'un point de vue statistique, les méthodes de comblement permettent de remplacer les valeurs manquantes par des estimations présentant des qualités (vraisemblance) et des indices de confiance (variance d'estimation), mais toujours sous réserve de validité du modèle statistique retenu (Laborde, 2002).

D'un point de vue spatial, ces méthodes qui reposent sur le caractère a priori semblable de la pluviométrie dans un espace proche de la station de référence comportent des risques puisque, au gré de la topographie et de la nature des masses d'air, la proximité géographique n'est pas forcément le critère le plus pertinent à prendre en compte (Cantat et Brunet, 2001). Ces remarques techniques et géographiques rappellent clairement, s'il en était encore besoin, que rien ne peut remplacer les mesures vraies.

La corrélation est établie soit entre les données de différentes années sur la même station, soit entre les données de la station d'étude et celles d'une station voisine. Cette corrélation est retenue si et seulement si le coefficient de corrélation est supérieur ou égal à 75 %. Cependant les années ne disposant d'aucune donnée n'ont pu faire l'objet de comblement afin de ne pas biaiser les résultats. Aussi les données des stations qui présentent des lacunes inférieures à 5 % ont été comblées grâce à la technique de la régression linéaire par corrélation simple.

La méthode de comblement par prévision permet de calculer ou de prévoir une valeur capitalisée à partir de valeurs existantes. La valeur prévue est une valeur x pour une valeur y donnée. Les valeurs connues sont des valeurs x et y existantes, et la nouvelle valeur prévue est calculée par la méthode de régression linéaire. L'équation de la fonction Prévision est $a + bx$,

où $a = y - bx$ et $b = \frac{\sum(x-\bar{x})(y-\bar{y})}{\sum(x-\bar{x})2}$; avec $\bar{x}$ et $\bar{y}$ les moyennes d'échantillon (x_ connus) et MOYENNE (y_ connus) **x** représente l'observation dont la valeur va être prévue ; y_ connus représente la matrice ou la plage de données dépendante ; x_ connus représente la matrice ou la plage de données indépendante (Kodja, 2013).

2.3-Outils de collecte des données

Divers outils sont utilisés dans le cadre de cette étude :

- la carte du bassin versant de l'Ouémé à Bétérou au 1/600 000e permettant de ressortir les différentes cartes du secteur d'étude ;
- un appareil photo qui a permis de prendre des vues des faits et objets lors des enquêtes de terrain et certains endroits qui témoignent des changements dus à la variabilité hydroclimatique dans le bassin.
- des questionnaires et des guides d'entretien adressés aux populations afin d'avoir des informations relatives aux stratégies de gestion des risques hydro-climatiques ;

Aussi comme outils de traitement des données recueillies, les logiciels suivants sont utilisés : Microsoft Word 2007 pour le traitement de texte, Microsoft Excel 2007 pour la réalisation des graphes ou histogrammes et le logiciel Arc view pour la réalisation des cartes.

2.4-Technique de collecte des données

Elle se résume d'une part à la recherche documentaire et aux travaux de terrain d'autre part.

2.4.1-Recherche documentaire

Elle a consisté à rechercher des documents scientifiques généraux et spécifiques, des données statistiques à l'ASECNA, au Service de l'Hydrologie de la Direction Générale de l'Eau (SH/DG-Eau) et au Laboratoire Pierre-PAGNEY: Climat, Eau, Ecosystèmes et Développement (LACEEDE).

Des recherches sont faites dans divers centres de documentation dont les centres de documentation de la DG-Eau, de la FLASH, la Bibliothèque Centre de Documentation de la Faculté des Sciences Agronomiques (BIDOC FSA), des bibliothèques (bibliothèque Centrale de l'Université d'Abomey- Calavi et du SERHAU). Il faut aussi ajouter la consultation des sites internet qui ont été d'une grande importance pour la présente étude. Les différentes approches de gestion des risques hydroclimatiques obtenues dans la littérature ont été complétées par celles des travaux de terrain.

2.4.2-Enquête de terrain

Les enquêtes de terrain ici visent à aider à la connaissance des différentes stratégies utilisées par les populations pour s'adapter aux contraintes hydriques et climatiques.

La Méthode Active de Recherche Participative (MARP) a été utilisée pour la collecte des informations sur le terrain. Cette méthode a aidé à acquérir des informations plus rapidement car elle permet d'être plus proche de l'enquêté et essayer de faire comme lui dans son milieu. Pour ce faire un échantillonnage a été déterminé.

2.4.2.1- Echantillonnage

L'enquête s'est déroulée dans des localités qui sont drainées par l'Ouémé à Bétérou. L'échantillon des personnes interviewées a été déterminé par la méthode probabiliste et la technique de choix aléatoire, proportionnellement à la taille des ménages à partir de l'effectif de chaque arrondissement. Les critères suivants ont guidé le choix de ces personnes interviewées :

- être effectivement un exploitant direct ou indirect de l'Ouémé à Bétérou.
- avoir une bonne connaissance du milieu ;
- être agent d'une structure étatique ou non, œuvrant dans le sens de la gestion des risques hydroclimatiques.

Les personnes ressources âgées de 45 ans au moins et ayant vécu dans la zone d'étude ces 30 dernières années ont été priorisées et les autorités locales ont été considérées.

La taille de l'échantillon a été déterminée en suivant la méthode de Schwartz (2002). Elle a été calculée avec un degré de confiance de 95 % et une marge d'erreur de plus ou moins 5 %.

$N = Z\alpha^2 . P Q / d^2$ avec

N= taille de l'échantillon par arrondissement

$Z\alpha$ = écart fixé à 1,96 correspondant à un degré de confiance de 95 %

P = nombre de ménages de l'arrondissement / nombre ménages de la commune.

Q = 1 − P

d = marge d'erreur qui est égale à 5 %

En procédant ainsi par arrondissement, un taux de d'échantillonnage de 15 % est appliqué au résultat pour déterminer le nombre exact de ménages à enquêter.

Le tableau I indique la taille de l'échantillonnage et le nombre de personnes ressources enquêté dans la basse

Tableau I : Effectif de la population échantillonnée

Arrondissements	Nombre de ménages 2002	Taille de l'échantillon	Proportion %
Bétérou	15747	60	26
Alafiarou	6592	74	13
Kika	21886	68	32
Ouénou	12245	64	29
Total	**56470**	**236**	**100**

Source : Enquêtes de terrain, 2013

En dehors de cet échantillon qui présentent 236 personnes, il faut dire que des guides d'entretiens sont adressés aux chefs d'arrondissements, aux agents de la santé. Cela ramène le total des enquêtés à 250 personnes.

Cette enquête de terrain a permis d'avoir la contribution de la population dans une approche de solution aux risques hydroclimatiques (inondation, érosion, vents violents, sècheresse, etc.)

2.5-Méthode de traitement des données

D'abord pour cette étape, le dépouillement manuel a été utilisé. Les données recueillies par questionnaire sont codifiées et nettoyées.

Aussi les informations recueillies sont confrontées souvent entre elles d'une part et avec la réalité du terrain d'autre part.

Le processus de traitement des traitements des données s'est déroulé également avec des calculs qui se présentent comme suit.

2.5.1-Totaux pluviométriques et moyenne arithmétique

Les totaux pluviométriques ont permis d'étudier les quantités de pluies et leurs rythmes. Ils sont calculés par la méthode du simple cumul : $ni1+n2......n12$. avec ni = valeurs journalières et mensuelles.

Paramètre de tendance centrale, la moyenne arithmétique $\overline{X}$ a été utilisée pour étudier les régimes pluviométriques sur une période de 40 ans. Elle est obtenue par l'équation : $\overline{X} = \frac{1}{N}\sum_{i=1}^{n} X_i$ avec n le nombre d'observations et ni leur somme.

2.5.2 - Indice de l'écart à la moyenne (Em)

C'est l'indice le plus utilisé pour estimer le déficit pluviométrique à l'échelle de l'année. L'écart à la médiane est le plus utilisé par les agrométéorologues. L'écart à la moyenne est la différence entre la hauteur de précipitation annuelle (Pi) et la hauteur moyenne annuelle de précipitation (Pm).

$$\mathbf{Em = Pi - Pm}$$

L'écart est positif pour l'année humide, et négative pour les années sèches. On parle d'année déficitaire quand la pluie est inférieure à la moyenne et d'année excédentaire quand la moyenne est dépassée. Cet indice permet de visualiser et de déterminer le nombre d'années déficitaires et leur succession.

2.5.3-Recherche de liaison ou de dépendance statistique entre pluie et lame d'eau écoulée

L'utilisation du coefficient de corrélation linéaire de Bravais-Pearson a permis de détecter tour la présence d'une relation linéaire entre les précipitations (P) et les débits. Cette relation s'écrit :

$$r = \frac{\frac{1}{N}\sum (xi - \overline{x})(yi - \overline{y})}{\sigma(x).\sigma(y)}$$

Ou : N est le nombre total d'individus

xi et yi sont les valeurs des séries

$\overline{x}$ et $\overline{y}$ sont les moyennes des deux variables dont on calcul la corrélation

$\sigma(x)$ et $\sigma(x)$ en sont les écarts-type.

2.5.4-Méthode d'étude d'impact des crues :

L'identification des impacts potentiels des eaux de crues sur chacune des composantes de l'environnement physique et les établissements humains a été faite par l'utilisation de la matrice de type Léopold, 1971 comme l'indique le tableau II.

Tableau II : Composantes de la Matrice de Léopold, 1971

Période	Composantes environnementales affectées par les eaux de crues											
	Milieu physique				Milieu biologique			Milieu humain				
	Air	Eau		Sol	Flore	Faune		Social		Economique		Culture/Culte
	Qualité de l'air	Qualité de l'eau	Ruissellement et infiltration	Surface du sol	Couverture végétale	Avifaune	Mammifères	Infrastructures	Habitation	Santé physique et psychique	Perception culturelle	Cérémonie cultuelle
Crue												
Décrue												

Source : Matrice de type Léopold 1971 (ABE, 1998)

De l'analyse de ce tableau II, il ressort que les composantes du milieu physique et humain ont été touchées dans leur entièreté ; il importe donc d'analyser les différents impacts et de déterminer leur degré de perturbation en tenant compte de la grille de détermination de l'importance de l'impact présenté par le tableau III.

Tableau III : Grille de détermination de l'importance de l'impact

Durée	Etendue	Degré de perturbation			
		Faible	Moyenne	Forte	Très forte
		Importance de l'impact			
Momentanée	Ponctuelle	Faible	Faible	Faible	Moyenne
Momentanée	Locale	Faible	Faible	Moyenne	Moyenne
Temporaire	Ponctuelle	Faible	Faible	Moyenne	Forte
Temporaire	Locale	Faible	Faible	Moyenne	Forte
Temporaire	Régionale	Faible	Moyenne	Forte	Forte
Permanente	Locale	Faible	Moyenne	Forte	Forte
Permanente	Régionale	Moyenne	Forte	Forte	Forte

Source : Cadre de référence de l'importance des impacts (ABE, 1998)

D'après l'analyse de ce tableau III, le degré de perturbation est :
- ✓ Forte, lorsque les éléments qui composent l'environnement, et la santé humaine sont touchés et risquent d'être détruits ou fortement modifiés ;
- ✓ Moyenne, quand ils sont modifiés sans que leur intégrité, ni leur existence ne soient menacées ;
- ✓ Faible, lorsqu'ils ne sont que légèrement affectés.

2.5.5 - Approche cartographique des indices de sècheresse

Une sècheresse se définit comme un déficit hydrique d'une composante (au moins) du cycle hydrologique (Wilhite et Glantz, 1985). On distingue classiquement 3 types de sècheresse : les sècheresses météorologiques liées à un déficit du cumul de précipitations, les sècheresses agricoles ou édaphiques concernant l'humidité moyenne des sols et les sècheresses hydrologiques liées aux débits des cours d'eau ou au niveau des nappes. La variabilité des temps de réaction des aquifères, des cycles écologiques ou socio-économiques, impose de considérer les déficits hydriques sur différentes profondeurs temporelles, de quelques mois à quelques années.

De la même façon, la diversité des domaines d'application des sècheresses ne permet pas de disposer d'indices universels pour leur caractérisation. Toutefois, l'OMM a recommandé en 2009 l'utilisation du Standardized Precipitation Index (SPI) pour le suivi des sècheresses météorologiques. Le calcul de cet indice à partir de l'équation suivante :

$$SPI = \frac{(pi - pm)}{\sigma}$$

Pi est la Précipitation de l'année i, **Pm** la Précipitation moyenne et **σ** la Déviation standard ou écart type. Cet indice permet de déterminer le degré d'humidité ou de sécheresse du milieu (Tableau IV)

Tableau IV : Classification de la sécheresse en rapport avec la valeur du SPI

Classe SPI	Interprétation
SPI>2	Humidité Extrême
1<SPI<2	Humidité Forte
0<SPI<1	Humidité modérée
-1<SPI<0	Sécheresse Modérée
-2<SPI<-1	Sécheresse Forte
SPI<-2	Sécheresse Extrême

Source : (Bergaoui et Alouini, 2001).

Lorsque SPI>2, on parle d'humidité extrême (HE); pour 1 <SPI<2, on a une humidité forte (HF); pour O<SPI<l, on a une humidité modérée (HM); pour -l<SPI<O, on a une sécheresse modérée (SM); si -2<SPI< -1, on a une sécheresse forte (SF); et si SPI< -2 la sécheresse est qualifiée d'extrême (SE).

Pour être représentatif, l'indice standardisé de précipitation exige des données sur au moins trente (30) ans, d'après l'Organisation mondiale de la météorologie (OMM).

Pour la cartographie des SPI, il a été procédé à une interpolation polynomiale des SPI de 6 stations pluviométriques du bassin.

2.6-Méthodes d'analyse des résultats

Les méthodes d'analyse constituent la dernière étape de l'approche méthodologique utilisée. Le modèle d'analyse adoptée est fondé sur l'approche systémique et le raisonnement à partir du modèle PEIR (Pression-Etat-Impacts-Réponses).

La figure 7 montre l'architecture du modèle PEIR utilisé dans le cadre de cette étude.

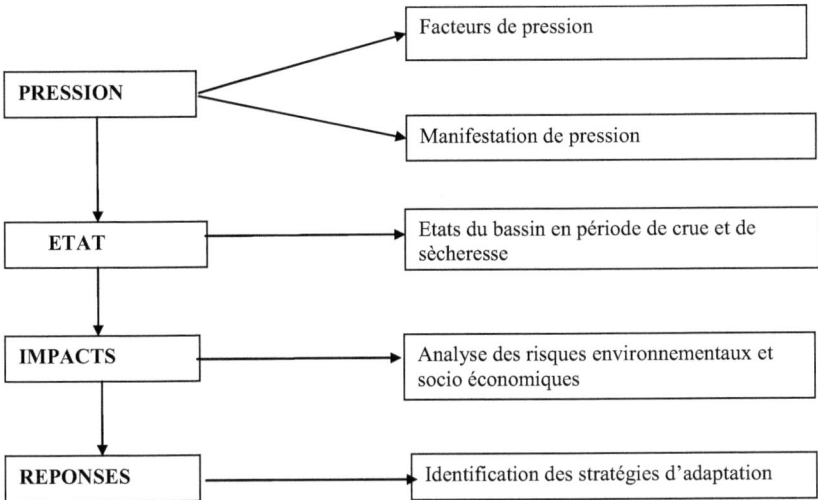

Figure 7 : Architecture du modèle PEIR

Le cadre PEIR montre l'enchaînement des causes et des effets, des forces motrices (activités) aux pressions, aux changements d'état de l'environnement, aux impacts et aux réponses. Le PEIR se base sur l'hypothèse que les activités et les comportements sociétaux affectent la qualité de l'environnement. Les relations entre ces phénomènes peuvent être complexes. Le PEIR permet de mettre en évidence, de manière intégrée, la relation entre les causes des problèmes environnementaux, leurs impacts et les réponses que la société y apporte. L'adoption de ce modèle facilite donc la connaissance des causes, impacts et des solutions pour une bonne gestion des risques hydroclimatiques.

Ce chapitre II a permis de présenter les différentes données exploitées et les outils de collecte et de traitement de ces données, ainsi que les méthodes utilisées pour atteindre les objectifs et vérifier les hypothèses. C'est donc un chapitre indispensable pour le suivi et la compréhension de ce travail. Les divers résultats relatifs aux risques hydroclimatiques dans le bassin versant de l'Ouémé à Bétérou obtenus après le traitement de ces données se trouvent au chapitre III.

CHAPITRE III : RESULTATS ET DISCUSSION

Ce chapitre III a pour objectif de caractériser les risques hydroclimatiques dans le bassin versant de l'Ouémé à Bétérou. Il aborde aussi les incidences des risques hydroclimatiques sur les écosystèmes, l'économie et la santé des populations qui sont perceptibles à travers les modifications que subit le paysage dont les composantes sont affectées par temps d'inondation ou de sécheresse.

3.1-Caractérisation des risques hydroclimatiques dans le bassin versant de l'Ouémé à Bétérou

Dans le bassin dans le versant de l'Ouémé à Bétérou selon les enquêtes de terrain les inondations, la sécheresse, les pluies tardives et violentes, les vents violents et les vagues de chaleur constituent des risques pour le bien-être des populations. Parmi ces risques, les inondations et la sécheresse, auxquelles s'ajoutent les crues, constituent des risques hydroclimatiques majeurs les plus récurrents dans le bassin.

3.1.1-Caractérisation des crues et des inondations dans le bassin versant de l'Ouémé à Bétérou

La variabilité mensuelle et interannuelle des hauteurs de pluie journaliers et des débits maximaux a permis de déterminer les années de crue et d'inondation et d'apprécier les tendances en cours. Les fortes pluies maximales ont des incidences importantes en raison de leur intensité.

Les stations de Bembèrèkè, Kouandé, Bétérou et Djougou sont utilisées pour l'étude des évènements pluviométriques. Certes, ces stations ne sont pas les seules qui alimentent le bassin versant de l'Ouémé à Bétérou en lame d'eau précipitée, mais compte tenu de leur position géographique et de leur importance, il apparaît donc important d'étudier le nombre de jours de pluie et les pluies journalières maximales dans le bassin versant de l'Ouémé à Bétérou à partir des données de ces stations, ce qui permet de mieux apprécier les aléas hydroclimatiques dans le bassin versant de l'Ouémé à Bétérou.

3.1.1.1-Variabilité mensuelles des hauteurs de pluie journalière maximales

L'étude de la variabilité des pluies journalières maximales à l'échelle mensuelle jours permet une meilleure approche des épisodes extrêmes. Leurs observations pour les occurrences rares permettent d'avoir une bonne approche des valeurs maximales sans passer par des lois-statistiques qui varient souvent d'une série à l'autre.

Les figures 8, 9, 10 et 11 présentent la variation des pluies journalières maximales à Bétérou, Djougou, Kouandé et Bembèrèkè.

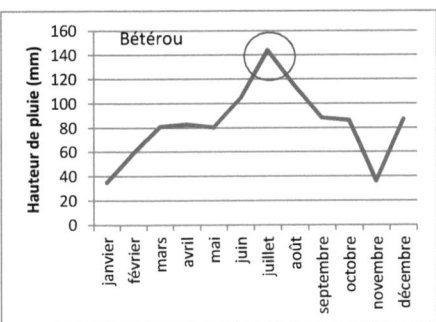

Figure 8 : Variation mensuelle des hauteurs pluviométriques journalières maximales à Bétérou de 1971 à 2010

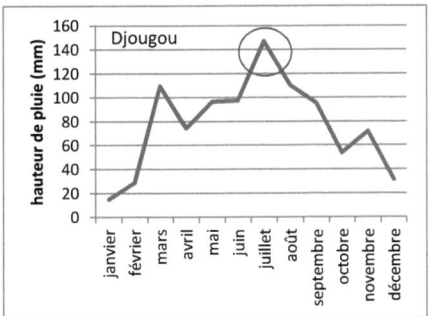

Figure 9 : Variation mensuelle des hauteurs pluviométriques journalières maximales à Djougou de 1971 à 2010

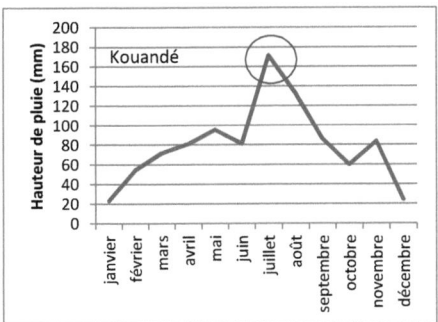

Figure 10 : Variation mensuelle des hauteurs pluviométriques journalières maximales à Kouandé de 1971 à 2010

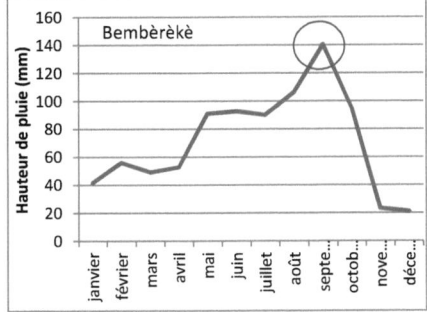

Figure 11 : Variation mensuelle des hauteurs pluviométriques journalières maximales à Bembèrèkè de 1971 à 2010

De l'analyse des figures 8, 9, 10 et 11 il faut remarquer que l'évolution des maxima suivent les régimes pluviométriques et les mois les plus pluvieux présentent le plus de maxima. Sur l'ensemble des stations les hauteurs de pluies journalières « records » sont supérieures à 140 mm.

Les « records » journaliers des hauteurs de pluies sont obtenus en juillet à Bétérou, Djougou, Kouandé avec respectivement 144 mm, 147 mm, 171,6 mm.

Les fortes pluies maximales ont des incidences importantes peuvent être parfois catastrophiques car les fortes pluies maximales peuvent non seulement réduire la visibilité, mais provoquer des inondations sur les voies bitumées, les voies pavées, les voies en terres, etc. (Yabi *et al.,* 2012).

Ces extrêmes sont susceptibles d'induire un risque écologique et contribuent à l'avènement des crues occasionnant des inondations et des dégâts aussi bien sur les plans socioéconomique, environnemental et sanitaire.

3.1.1.2-Variabilité interannuelle des hauteurs de pluie journalière maximales

L'étude des événements climatiques extrêmes, c'est-à-dire, le risque de leur manifestation à une grande importance pour la sécurité des êtres humains et pour la stabilité économique.Les figures 12, 13, 14 et 15 présentent l'évolution interannuelle des pluies journalières maximales sur les stations de Djougou, Bembèrèkè, Kouandé et Bétérou

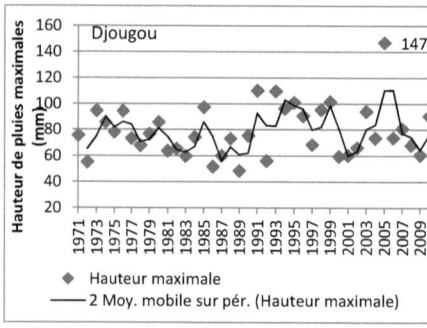

Figure 12 : Variation interannuelle des hauteurs pluviométriques journalières maximales à Djougou de 1971 à 2010

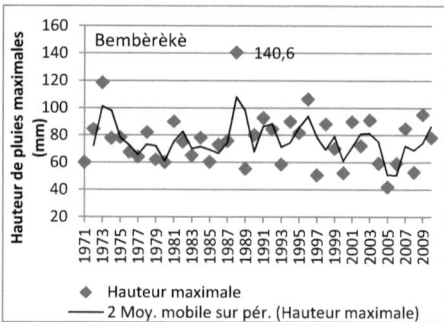

Figure 13 : Variation interannuelle des hauteurs pluviométriques journalières maximales à Bembèrèkè de 1971 à 2010

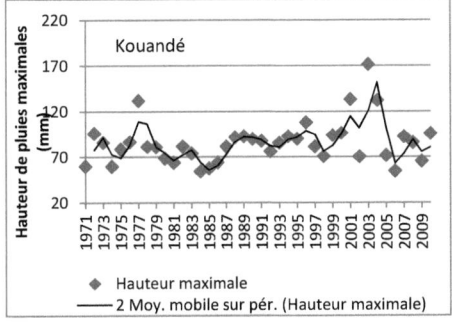
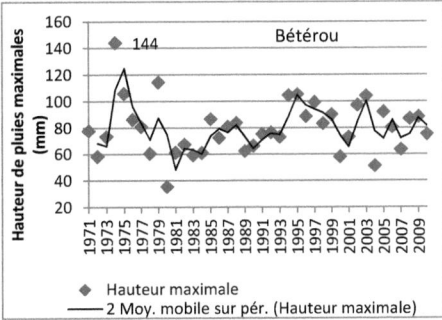

Figure 14 : Variation interannuelle des hauteurs pluviométriques journalières maximales à Kouandé de 1971 à 2010

Figure 15 : Variation interannuelle des hauteurs pluviométriques journalières maximales à Bétérou de 1971 à 2010

De l'analyse des figures 12, 13, 14 et 15, il ressort que l'ensemble des quatres stations, il y a eu des années où les hauteurs de pluies maximales sont susceptibles de provoquer des inondations. Les années ayant les valeurs « record » de pluie maximales sur les différentes stations sont 2005 à Djougou avec 147,1 mm, 1974 à Bétérou avec 144 mm, 1988 à Bembèrèkè avec 140,6 mm, 2003 à Kouandé avec 171,6 mm. Dans l'ensemble, la tendance des inondations est à la hausse.

Les conséquences sont souvent graves pour les activités économiques, en particulier pour le commerce ; car les régions et des quartiers se trouvent enclavés. Par exemple, les inondations de la précédente décennie ont déjà été dévastatrices, le Sénégal, le Burkina-Faso, le Ghana, le Niger et la Sierra Leone furent gravement touchés, certains contraints de faire appel à l'aide internationale. Ces inondations auraient fait 200 décès et 770 000 sinistrés dans la sous-région (OCHA cité par Yabi *et al.*, 2012).

Ainsi la connaissance de maxima est indispensable pour estimer les valeurs rares qui serviront au dimensionnement des ponts, des évacuateurs de crues, les réseaux de drainage et tous les ouvrages hydrauliques

3.1.1.3-Variation journalière de la pluie dans le bassin versant de l'Ouémé à Bétérou de 1971 à 2010

En zone tropicale sèche ouest africaine, il existe une corrélation linéaire entre la pluviométrie annuelle et le nombre de jours de pluie (Brunet-Moret, 1968 ; Brunet-Moret & *al.*, 1986). D'une façon générale, le nombre de jours de précipitations croît avec le total annuel moyen pluviométrique. Les figures 16, 17, 18 et 19 présentent la variation du régime pluviométrique journalier impliquant le risque écologique sur la période de 1971 à 2010.

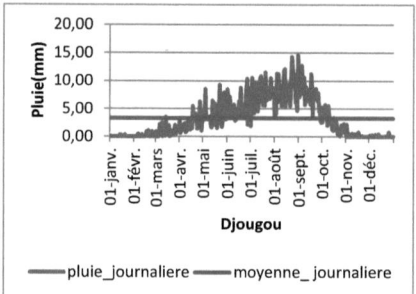

Figure 16: Evolution journalière de la pluie à Djougou de 1971 à 2010

Figure 17 : Evolution journalière de la pluie à Bétérou de 1971 à 2010

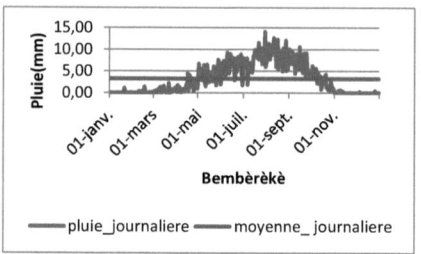
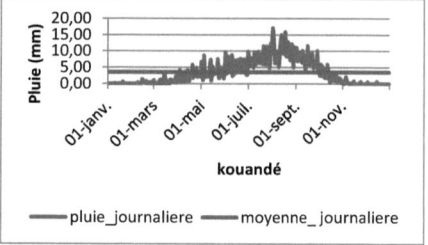

Figure 18 : Evolution journalière de la pluie à Bembèrèkè de 1971 à 2010

Figure 19 : Evolution journalière de la pluie à Kouandé de 1971 à 2010

De l'analyse des figures 16, 17, 18 et 19, il ressort que l'évolution saisonnière de la pluie est presque la même dans les quatre stations. Les maxima sont enregistrés en août sur les quatre stations. C'est le mois le plus humide de l'année car les pics journaliers sont observés dans ce mois.

De cette observation, il faut déduire que le régime pluviométrique du bassin versant de l'Ouémé à Bétérou est un régime unimodal. Il se caractérise par deux saisons dont une saison pluvieuse et une saison sèche.

Aussi de l'analyse de ces figures, il faut souligner que les pics journaliers en dessous et au dessus de la moyenne journalière évoquent respectivement les périodes déficitaires et excédentaires.

Ces extrêmes sont susceptibles d'induire un risque écologique. En effet, la période déficitaire occasionne la baisse de l'écoulement dans le bassin de l'Ouémé avec pour corollaire la turbidité de l'eau accentuant la présence des substances nuisibles à l'écosystème aquatiques. Il est de même pour les excédents de pluies qui contribuent à l'avènement des crues occasionnant des inondations et des dégâts aussi bien sur les plans socioéconomique, environnemental et sanitaire.

L'influence de la variabilité pluviométrique sur les ressources hydriques superficielles et souterraines est mise en évidence par les fluctuations hydrologiques.

3.1.1.4-Evolution mensuelle et interannuelle des débits maximaux journaliers dans le bassin versant de l'Ouémé à Bétérou de 1971 à 2010

L'étude de la variabilité des débits permet d'apprécier la dynamique hydrologique sur un bassin versant. La figure 20 présente l'évolution mensuelle des débits maximaux sur le bassin versant de l'Ouémé à Bétérou de 1971 à 2010.

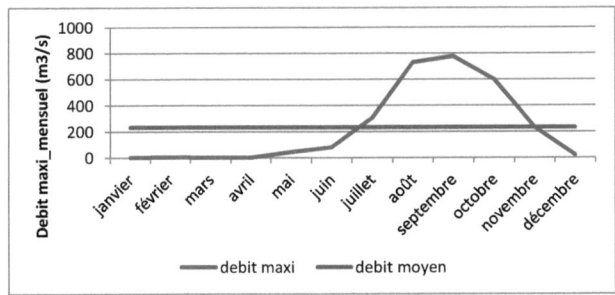

Figure 20 : Variabilité mensuelle des débits maximaux journaliers dans le bassin versant de l'Ouémé à Bétérou de 1971 à 2010

Source des données : DGEau, 2013

L'analyse de la figure 20 révèle que les débits mensuels varient de 1,8 à 776 m3/s avec une moyenne de 232,8 m3/s. Aussi il faut signaler qu'un important volume d'eau est mobilisable dans le bassin entre juin et octobre. La répartition mensuelle des débits est instable d'une année à l'autre en raison des fluctuations pluviométriques dans le bassin.

Ici tous les mois dont les valeurs sont représentées sont les périodes d'extrêmes hydrométriques qui sont susceptibles d'induire un risque hydroclimatiques avec des conséquences pour le bien-être des populations.

3.1.1.5-Variabilité interannuelle des débits maximaux journaliers dans le bassin versant de l'Ouémé à Bétérou de 1971 à 2010

Les années de crues qui sont en partie causes des inondations dans le bassin versant de l'Ouémé à Bétérou ont été identifiées dans la figure 21 à travers les valeurs maximales qui sont au-dessus de la moyenne observée dans la station hydrométrique de Bétérou au cours de la période 1971-2010.

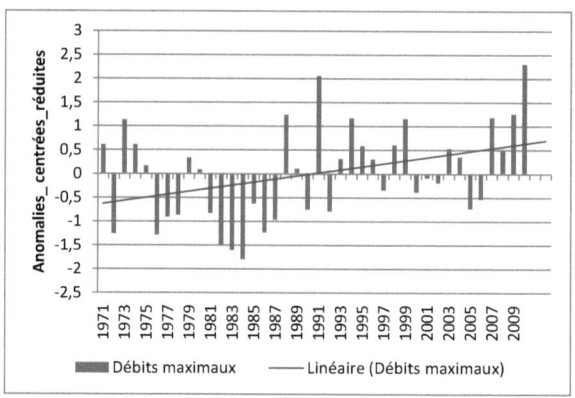

Figure 21 : Variabilité interannuelle des débits maximaux journaliers
Source des données : DGEau, 2013

L'analyse de la figure 21 montre que le bassin de l'Ouémé a connu 13 années de crues à la station hydrométrique de Bétérou au cours de la période 1971-2010.

L'Ouémé à Bétérou ont connu une tendance à la baisse de 1971 à 1987 des débits. Après cette année, il faut remarquer qu'il y a une tendance à la hausse des débits maximaux. Cette évolution des débits est semblable à celle de la pluviométrie.

Ainsi, les années 1991, 1999, 2009 et 2010 ont été des années marquées par une forte crue. Les années 1971,1972, 1976, 1983, 1984 sont des années de faible débits maximaux ce qui montre que ces années sont vraiment sèches dans le bassin versant de l'Ouémé à Bétérou.

Les années qui connaissent des excédents selon les populations enquêtées sont les périodes où elles sont confrontées à des conséquences dommageables aux plans socioéconomique, environnemental et sanitaire surtout pour les années 1992 et 2010.

En effet, ces excédents ne génèrent rien que des inondations qui occasionnent des dégâts, la destruction des cultures et des pertes en vies humaines (Totin, 2012).

Ainsi la détermination des coefficients de corrélation entre les débits et la lame d'eau précipitée est nécessaire dans l'analyse des aléas hydroclimatiques.

3.1.1.6-Relation pluie débit aux pas de temps de journaliers et mensuels dans le bassin versant de l'Ouémé à Bétérou de 1971 à 2010

Les figures 22, 23, 24 et 25 évoquent les relations existantes entre la pluie et le débit aux pas de temps journalier dans le bassin versant de l'Ouémé à Bétérou de 1971 à 2010

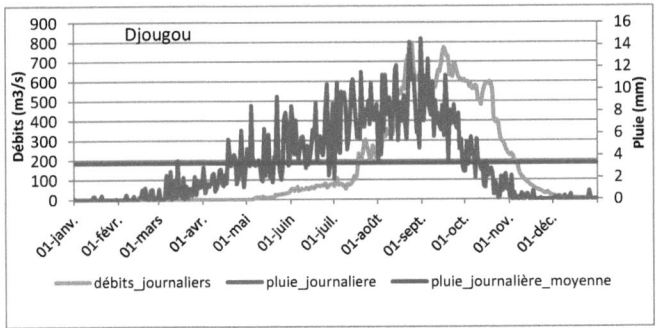

Figure 22 : Relation pluie débit au pas de temps journaliers à Djougou de 1971 à 2010

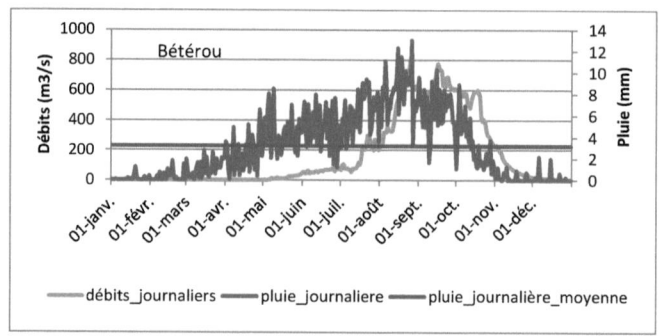

Figure 23 : Relation pluie débit au pas de temps journaliers à Bétérou de 1971 à 2010

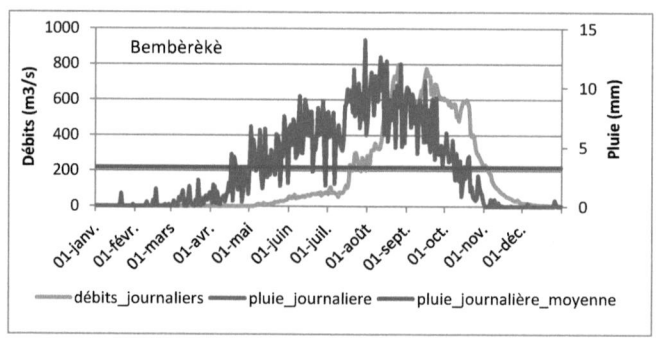

Figure 24 : Relation pluie débit au pas de temps journaliers à Bembèrèkè de 1971 à 2010

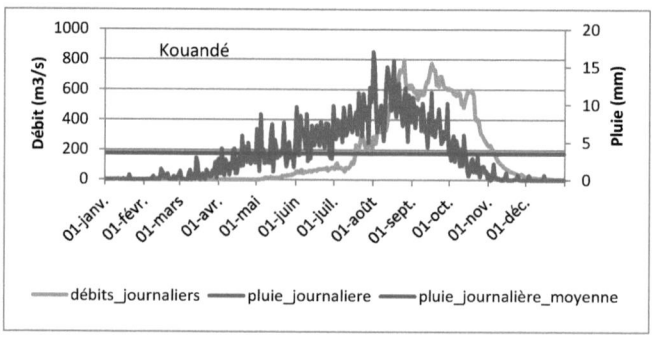

Figure 25 : Relation pluie débit au pas de temps journaliers à Kouandé de 1971 à 2010

De l'analyse des figures 22, 23, 24 et 25, il ressort que sur l'ensemble des quatre stations le débit évolue au même rythme que la pluie. La courbe des débits suit l'évolution de celle des pluies avec un décalage ou un temps de réponse du bassin versant d'un à deux mois. Ce même constat est fait par Boko *et al.,* (2004) qui ont montré qu'a l'échelle mensuelle, les débits moyens et les volumes d'eau écoulés évoluent suivant le rythme pluviométrique saisonnier du bassin du Zou et que les débits des hautes eaux, de l'ordre de 45 (juillet) à 107 m/s (septembre), font suite au cumul pluviométrique de la grande et petite saisons pluvieuses. En effet, dans le bassin versant de l'Ouémé à Bétérou, l'étiage et les faibles débits s'enregistrent de novembre à mars où les valeurs sont presque nulles. En septembre, le débit atteint son maximum.

Cette situation peut s'expliquer par le phénomène de saturation des premiers horizons du sol avec les premières pluies qui n'arrivent pas à induire automatiquement l'écoulement.

Il existe donc une relation non linéaire entre pluie et débit, traduite par le fait que les baisses de précipitations engendrent des baisses d'écoulement encore plus importantes. L'explication avancée est que la diminution relativement plus importante des débits trouve son origine dans une réduction durable des apports en eau souterraine (Zannou, 2011).

Aussi, la sahélisation progressive et généralisée du climat ouest africain observée pendant les 30-40 dernières années, et marquée par un déficit pluviométrique persistant, s'est accompagnée d'une modification hydrologique du fleuve Ouémé et de ses affluents avec des valeurs moyennes de débits de crue et d'étiage de plus en plus faibles (le Lay, 2006). La détermination des coefficients de corrélation entre les débits et la lame d'eau précipitée est donc utile pour mieux cerner l'analyse des aléas hydroclimatiques.

3.1.1.7-Caractérisation des aléas à partir de la corrélation pluie-débit dans le bassin versant de l'Ouémé à Bétérou de 1971 à 2010

Le débit de crue étant étroitement lié à la pluie, la corrélation existante entre ce dernier et la précipitation a été analysée.

Le tableau V présente les valeurs des corrélations calculées entre la pluie et le débit.

Tableau V : coefficient de corrélation entre la pluie et le débit dans le bassin versant de l'Ouémé à Bétérou de 1971 à 2010

Variables	Débit Bétérou	Pluie Station Djougou	Pluie Station Bétérou	Pluie Station Bembèrèkè	Pluie Station Kouandé
Débit Bétérou	1				
Pluie Station Djougou	0,58	1			
Pluie Station Bétérou	0,61	0,83	1		
Pluie Station Bembèrèkè	0,56	0,86	0,85	1	
Pluie Station Kouandé	0,57	0,85	0,87	0,86	1

Il ressort de l'analyse du tableau V que relation pluie-débit ainsi établie à l'échelle du bassin, indique une bonne corrélation entre précipitations et les débits moyens enregistrés

Il faut remarquer le lien existant entre les précipitations et les débits sur les différentes stations. On remarque des coefficients de corrélations de l'ordre de (0,61) pour Bétérou et de (0,58) pour Djougou ce qui laisse présager que les lames d'eau précipitées constituent des indicateurs qui induisent les risques d'inondations dans le bassin de l'Ouémé à Bétérou ajoutées à l'état de saturation des sols du lit du des cours d'eau et des comblements. Cette même méthode a été utilisée par Kodja (2013) pour caractériser les aléas hydroclimatiques dans la basse vallée de l'Ouémé. Les résultats de cet auteur ont montré que le risque d'inondation est faible à l'échelle des stations pluviométriques de faibles corrélations. Par contre les stations pluviométriques à forte corrélation comme la station de Adjohoun (98 %) et celle de Bonou (93 %) induisent les risques d'inondations dans la vallée de l'Ouémé ajoutées à l'état de saturation des sols du lit du cours d'eau et des comblements. Les précipitations et les débits sont étroitement liés et l'écoulement proviendrait donc quasiment de la pluie. Cependant la faiblesse des coefficients de corrélation peut s'expliquer par le fait que la lithologie du bassin. Cet aquifère participe à l'écoulement du fleuve. Leur recharge est assurée à 340 mm dans le secteur de Djougou et entre 260 et 325 mm dans les autres secteurs du bassin (Abdoulaye, 2010). Dans le bassin de l'Ouémé à Bétérou les crues et inondations ne sont pas les seuls aléas hydroclimatiques qui perturbent le bien être des populations, il y a aussi les épisodes de sècheresse qu'il convient de caractériser.

3.1.2-Caractérisation de la sécheresse

Les aléas hydroclimatiques sont relatifs aux années humides et sèches. Ils caractérisent les périodes d'excédent ou de déficit pluvio-hydrologique. A chacune des ces phases hydroclimatiques correspondent non seulement des risques pour la société et l'économie, mais aussi des avantages par moments. Les populations sont ainsi exposées aux risques liés à ces différents niveaux d'aléas. Il s'agit entre autre de l'inondation et de la sécheresse. Les risques liés à la sécheresse sont abordés car il n'y a que peu de pays qui rapportent systématiquement les pertes et effets dus à la sécheresse ; pourtant ses impacts sur la production agricole, les moyens de subsistance ruraux et les secteurs urbains et économiques sont manifestes et considérables (GAR, 2011). Le calcul du SPI a été utilisé en vue de caractériser le niveau de sévérité des déficits pluviométriques observés et d'apprécier par conséquent l'ampleur de la sécheresse (ou de l'humidité) suivant les décennies sur la série chronologique (tableaux VI, VII, VIII, IX). Cette même approche a été utilisée par Ayéna (2013) qui a montré que la fréquence des sécheresses varie à des degrés divers. Elle est de 2,5 % pour les sécheresses extrêmes à 5 % pour les sécheresses fortes et 47,5 % pour les sécheresses modérées dans la commune de Malanville.

Tableau VI: Indice standardisé de précipitations de la décennie 1971 à 1980

Années	1971	1972	1973	1974	1975	1976	1977	1978	1979	1980
SPI	-0,381	-0,413	0,618	0,341	0,432	0,218	-0,559	0,770	0,708	-0,419
Degrés	SM	SM	HM	HM	HM	HM	SM	HM	HM	SM

Tableau VII: Indice standardisé de précipitations de la décennie 1981 à 1990

Années	1981	1982	1983	1984	1985	1986	1987	1988	1989	1990
SPI	-1,353	-1,263	-2,177	-0,777	0,134	-0,593	-1,656	0,646	-0,241	0,028
Degrés	SF	SF	SE	SM	HM	SM	SF	HM	SM	HM

Tableau VIII: Indice standardisé de précipitation de la décennie 1991 à 2000

Années	1991	1992	1993	1994	1995	1996	1997	1998	1999	2000
SPI	1,921	0,087	0,128	1,232	1,320	0,442	0,542	1,233	0,834	-0,090
Degrés	HM	HM	HM	HF	HF	HM	HM	HF	HM	SM

Tableau IX: Indice standardisé de précipitations de la décennie 2001 à 2010

Années	2001	2002	2003	2004	2005	2006	2007	2008	2009	2010
SPI	0,035	0,478	-0,541	-1,609	0,530	-1,689	0,330	2,489	-1,239	-0,494
Degrés	HM	HM	SM	SF	HM	SF	HM	HE	SF	SM

De l'analyse de ces tableaux VI, VII, VIII, IX, il faut signaler que si l'on considère la décennie (1971 à 1980) dans son ensemble, elle peut être considérée comme une période humide, même si on note la présence de quatre (04) années de sécheresse modérée (1971-1972, 1977, 1980). La décennie a connu également six (06) années d'humidité modérée (Tableau VI).

La décennie 1981 à 1990 est caractérisée par trois (03) années de sècheresse modérée, trois (03) années de sècheresse forte, une année de sècheresse extrême et trois (03) années d'humidités modérées. De façon globale la décennie a connu plus d'années de sécheresse (07 années) que d'humidité (03 années), (Tableau VII).

Quant à la décennie 1991 à 2000, les constats sont les suivants: trois (03) années d'humidité forte, six (06) années d'humidité modérée et une année de sécheresse modérée (Tableau VIII). Dans cette décennie il faut constater une légère reprise de la pluviométrique par rapport à la décennie précédente.

Enfin pour la décennie 2001 à 2010, le constaté fait est qu'il y a suivants : deux (02) années de sècheresse modérée, trois (03) années de sècheresse forte, quatre (04) années d'humidité modérée et une année d'humidité extrême (Tableau IX).

La série de quarante (40) années prise dans son ensemble permet de voir que la zone a connu (10) années de sécheresse modérée, six (06) années de sécheresse forte, 19 années d'humidité modérée, 03 années d'humidité forte, une année de sécheresse extrême et une année d'humidité extrême. Il convient de signaler que pour la série (1971-2010) il y a eu une année d'humidité extrême et une année de sécheresse extrême ce qui favorise l'existence de risques hydroclimatique dans le bassin versant de l'Ouémé à Bétérou. L'analyse locale des sècheresses peut ensuite être complétée de différentes façons pour caractériser des événements dans leur dimension spatio-temporelle (Vidal *et al.*, 2010). Ainsi, il a été procédé a la spatialisation des indices de sécheresse suivant les décennies afin de mieux apprécier le niveau global atteint par une sècheresse à l'échelle du bassin.

3.1.2.1- Cartographie des indices de sècheresse

A la différence des risques associés aux cyclones tropicaux et aux inondations, ceux qui sont associés à la sécheresse restent moins bien compris. Par conséquent, la sécheresse est souvent un risque moins visible. Les pertes et les impacts ne sont pas enregistrés systématiquement, les normes mondiales pour mesurer l'aléa de sécheresse ne sont introduites qu'avec beaucoup de lenteur. La figure 26 présente la répartition spatiale des indices de sécheresse sur le bassin versant de l'Ouémé à Bétérou sur les décennies 1971-1980 ; 1981-1990 ; 1991-2000 ; 2001- 2010

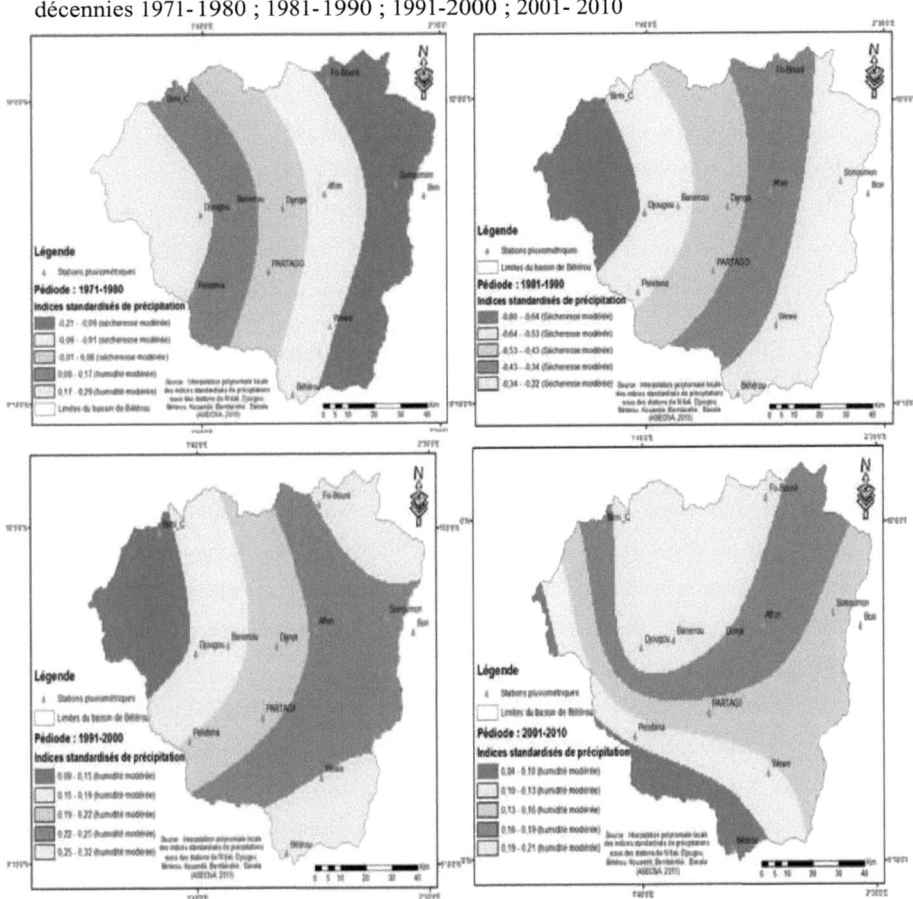

Figure 26 : spatialisation des indices de sécheresses à Béterou de 1971 à 2010

L'analyse de cette figure 26 montre qu'au niveau des décennies (1971-1980) et (1981-1990), le bassin est dominé par une sécheresse modérée. Par contre sur les décennies 1991-2000) et 2001-2010), le bassin a connu plutôt une humidité modérée, surtout après l'année 1987, il a été observé une légère reprise de la pluie.

La sécheresse dont il s'agit ici est celle météorologique qui est un phénomène climatique plutôt qu'un aléa proprement dit, mais on la confond souvent avec d'autres conditions climatiques auxquelles elle s'apparente, notamment l'aridité. Elle ne devient dangereuse que lorsqu'elle se transforme en sécheresse agricole ou hydrologique.

3.2-Effets socio-économiques, environnementaux et sanitaires des aléas hydroclimatiques dans le bassin versant de l'Ouémé à Bétérou

Les effets des risques hydroclimatiques sur l'environnement, l'économie et la santé des populations sont perceptibles à travers les modifications que subit le paysage dont les composantes sont affectées par temps d'inondation ou de sécheresse.

3.2.1- Effets environnementaux des aléas hydroclimatiques

Les impacts des inondations se caractérisent par de nombreux dommages aux plans géomorphologique et écologique.

Les impacts géomorphologiques se traduisent par une dégradation sans cesse croissante des berges du fleuve, l'érosion des versants et le comblement du lit du bassin par les apports alluvionnaire d'amont ainsi que le surcreusement du lit par endroit. L'érosion hydrique contribue à l'ablation du sol et charrie les particules vers la vallée des cours et la dépression des plans d'eau sous la menace de comblement par les charges solides.

L'agressivité des pluies, ces dernières années, a contribué à l'importance de l'érosion des sols, particulièrement des sols dénudés. L'érosion aujourd'hui, marque tout le paysage et est devenu un sujet de grande préoccupation.

Dans les champs, l'érosion est souvent observée sous trois formes à savoir : l'érosion en nappe, l'érosion par rigole et le lessivage. Les deux premières formes se manifestent par décapage suivi d'un déplacement des particules arrachées. La troisième forme quant à elle se manifeste par un déplacement des éléments solubles et nutritifs des horizons superficiels vers les horizons profonds. Toutes ces formes d'érosion entraînent un appauvrissement des sols, 70 % des personnes enquêtées ont enregistré les trois formes d'érosion notamment dans les champs situés sur les versants.

Aho et Kossou (1997) ont montré que l'importance et la quantité des précipitations, la nature du sol, la pente du terrain et la couverture du sol sont les quatre groupes de facteurs qui interviennent dans la modulation de l'intensité de l'érosion. Les eaux, par leur puissance et vitesse de propagation déstructurent les milieux inondables et les paysages des chenaux naturels des eaux de ruissellement (photos 3 et 4).

Photo 3 : Dégradation des berges par les crues à Béterou

Photo 4 : Erosion du sol par les eaux de ruissellement en direction du fleuve Ouémé

Prise de vue : KOUDAMILORO O., Novembre 2013

L'analyse des photos 3 et 4 révèlent que les eaux des crues du bassin versant de l'Ouémé à Bétérou par leur forte intensité érodent les berges des lits des cours d'eau. Par ailleurs, les activités anthropiques telles que le déboisement des berges et l'exploitation des berges à des fins de cultures amplifient ces érosions.

En somme, il faut souligner que toutes ces formes d'érosion génèrent des coûts très élevés à cause de l'appauvrissement organique et minéral des terres agricoles qui induit inévitablement des pertes de récoltes très considérables selon 80 % des populations cibles.

Les effets des aléas hydroclimatiques ont également des impacts sur la faune et la flore naturelle. Selon 70 % des populations cibles, les conditions météorologiques actuelles favoriseraient la prolifération de certaines adventices et la disparition de certaines plantes surtout médicinales. Il est aussi constaté une multiplication rapide des insectes ravageurs des cultures et la diminution de la population de certains gibiers.

En effet, en condition intersaisonnière, l'impact du couple température-humidité relative sur la dynamique des populations des ravageurs est élevé lorsque les conditions suivantes sont réunies : La croissance et le développement des populations de ravageurs sont surtout accentuées par l'apparition des poches de sécheresse en pleine saison pluvieuse. Les ravageurs des cultures concernés sont *Heliothis armigera*, les *thrips* et les *pucerons* qui attaquent le coton et le niébé.

Selon 59 % des enquêtés, le *Striga* fait partie des espèces végétales qui ont proliféré au cours de ces dernières années à cause de la variation climatique et qui sont devenues très nuisibles pour les cultures du maïs et du sorgho.

Par ailleurs, d'autres espèces héliophiles qui s'adaptent très bien aux conditions climatiques actuelles auraient beaucoup proliféré et envahi les champs. Il s'agit de : *Cyperus spp, Cynodon dactylon, Commelina benghalensis, Cassia obtusifolia* et *Acroceras zizanioïdes*. L'écologie de ces espèces végétales montre qu'elles peuvent se développer correctement sous un climat chaud caractérisé par une péjoration pluviométrique (Akobundu et Agyakwa, 1989).

En outre, les vents violents au cours de la campagne agricole occasionnent des chablis et des déracinements des grands arbres. Il ressort que les écosystèmes qui fournissent aux producteurs l'essentiel de leurs ressources alimentaires sont affectés par les aléas hydroclimatiques.

3.2.2-Conséquences socio-économiques des contraintes hydroclimatiques dans le bassin versant de l'Ouémé à Bétérou

Les aléas hydroclimatiques sont relatifs aux années humides et sèches. Ils caractérisent les périodes d'excédent ou de déficit pluvio-hydrologique. A chacune des ces phases hydroclimatiques correspondent non seulement des risques pour la société et l'économie, mais aussi des avantages par moments.

3.2.2.1-Effets sur la production végétale

L'agriculture et plus particulièrement la production végétale demeure un secteur d'activité très vulnérable aux aléas hydroclimatiques climatiques. Ceci est lié au fait qu'elle reste essentiellement pluviale. Les effets sont variés et deviennent de plus en plus préoccupants.

En années humides extrêmes, dans les zones de dépression pour l'ensemble du bassin, des producteurs affirment avoir perdu en 2010 la totalité des cultures pour raison d'inondation, et ce pour la grande saison de la campagne agricole passée bien entendu. Les pertes ont été partielles pour 70 % des autres producteurs du fait que la totalité de la superficie cultivée n'a pas connu d'inondation. Donc les cultures en amont ont pu être sauvées.

Signalons aussi que l'excès de pluies sur un temps court (dans le mois d'août généralement) a beaucoup plus d'impacts sur les sols en bas de pente, qui s'inondent. La perte des récoltes est très importante en ces moments-là.

Pour avoir une idée plus précise de l'ampleur des dégâts, les producteurs de maïs et le sorgho ont été enquêtés et 70 % affirmait avoir connu des pertes de maïs allant de 30 à 80 % avec une moyenne de 51 %.

Aussi, faudrait-il rappeler que quand un déficit hydrique survient à un moment déterminé de la période végétative d'une culture, le rendement répondra à ce déficit de façon extrêmement variable selon la sensibilité de la culture au moment considéré. Ce qui explique aussi la baisse de rendement constaté sur certaines cultures dans des zones suffisamment arrosées (Harreau et Nicou, 1971). En ce qui concerne la culture du coton (principale culture de rente) dans le bassin versant de l'Ouémé à Bétérou, 100 % des producteurs affirment que les pertes enregistrées sont dues aux attaques des ravageurs du cotonnier notamment Helicoverpa (*Heliothis armigera*), aux poches de sécheresse, les excès de pluie et les pluies violentes et abondantes observées vers la fin du cycle de la culture. D'ailleurs, c'est pourquoi les paysans s'adonnent à des pratiques consistant à développer deux ou plusieurs cultures sur le même lot de terrain et dans la même période (Photo 5).

Photo 5 : Association de culture (Igname, Sorgho, manioc) à Bétérou
Prise de vue : KOUDAMILORO O. Novembre 2013

La photo 5 présente, en arrière plan des cultures du sorgho (*Sorghum bicolor*) et celles du manioc, en avant plan les buttes géantes destinées à la culture de l'igname. Le sorgho est beaucoup plus cultivé par les peulhs du fait de leur aliment de base « foura » avec lequel ils prennent du lait de vache. D'un autre côté, les branchages de sorgho leur servent à paître leur troupeau.

Au cours de ces années déficitaires, non seulement les pluies commencent avec des retards parfois très accusés (20 à 45 jours) mais elles sont marquées par des ruptures pluviométriques au cœur même de la saison et les pluies connaissent une fin précoce.

Dans ces conditions, le calendrier agricole est totalement perturbé et les rendements (et par ricochet les productions) agricoles connaissent une chute environnant 60 à 70 % des prévisions. Dans un contexte où l'agriculture pluviale constitue la source d'alimentation et de revenus de plus de 70 % de la population, la survenance des années déficitaires est source de pénurie alimentaire débouchant parfois sur la famine et des crises socioéconomiques voire politiques (Boko, 1988 ; Afouda, 1990 ; Houndénou, 1999 et Ogouwalé, 2006).

Du reste, la survenance, de plus en plus fréquente, des années pluviométriques particulièrement déficitaires engendrent des crises alimentaires, socioéconomiques et sanitaires parfois catastrophiques.

3.2.2.2-Bouleversement du calendrier agricole classique

Les différents risques hydroclimatiques mis en exergue introduisent dans l'activité agricole une situation d'incertitude qui touche toute décision d'effectuer une opération agricole (semis, fumure, traitements phytosanitaires). En effet, les saisons agricoles deviennent très instables, ont conclu plus de 80 % des personnes enquêtées. Ils affirment ne plus cerner les dates de semis et sont pleinement conscient du fait que les semis sont à risque. Par voie de conséquence, les périodes et dates d'exécution des autres opérations agricoles deviennent aléatoire. Ce qui se répercute sur la production en fin de campagne. Le tableau X montre les calendriers agricoles passé et actuel.

Tableau X : Calendriers agricoles passés et actuels de quelques cultures

Mois		Janvier	Fév	Mars	Avril	Mai	Juin	Juillet	Aout	Sept	Oct	Nov	Déc
Culture de coton	Calendrier agricole passé												
	Calendrier agricole actuel												
Culture de maïs	Calendrier agricole passé												
	Calendrier agricole actuel												

⬌ Travaux de préparation : défrichement, sarclage, labour   ⬌ Semis

⬌ Travaux d'entretien   ⬌ Récolte

Source : Enquête de terrain, 2013

De l'analyse de ce tableau X, il ressort qu'il y a un décalage entre les calendriers agricoles passé et actuel. Il s'observe actuellement un décalage dans les dates des différentes opérations agricoles (préparation des champs, semis, les entretiens et les récoltes). Compte tenu des caprices des pluies, ces calendriers restent approximatifs. Le retard des premières pluies qui déterminent les semis amène les paysans à procéder à un ou plusieurs semis à sec. La régularité des pluies influence également ces calendriers culturaux.

Les fluctuations hydroclimatiques constituent des contraintes majeures au développement agricole et obligent les paysans à recourir à l'agriculture de bas-fonds dont la promotion est vivement souhaitée. Mais l'exploitation du fleuve et de ses affluents en saison sèche génère des conflits entre agriculteurs et éleveurs. En fait, les ruisseaux pérennes représentent du point de vue agricole et des réserves d'eau des sols, les secteurs de développement des cultures maraîchères de contresaison (gombo, tomate, piment, légumes), Photo 6.

Photo 6 : Champs de piment à Bétérou
Prise de vue : KOUDAMILORO O, novembre 2013

La photo 6 présente un champ de piment, ce qui témoigne de la pratique des cultures de contre saison dans le milieu. Il faut signaler qu'il y a une forte dominance de champs de tabac. Même si les populations ne s'adonnent plus à cette activité comme dans les années antérieures.

3.2.2.3-Conséquences sur la production animale et halieutique

Deux sortes d'élevage sont pratiquées dans le bassin de l'Ouémé : le petit élevage et le gros élevage, tous de caractéristique traditionnelle. Le petit élevage se pratique est celui de la volaille (généralement les poules et canards), des ovins et des porcins. C'est l'élevage de petit bétail où les animaux sont le plus souvent en divagation. Il concerne aussi et surtout les bovins. L'élevage dans le milieu est également affecté par les bouleversements climatiques.

En effet, l'élevage est aussi une activité très importante pratiquée par la population du bassin.

Les aléas hydro climatiques sur cette activité se traduisent par l'apparition des pestes, des maladies dont les éleveurs ignorent les causes, la mort des animaux. Selon 80 % des enquêtés, les modifications du climat favorisent le développement de certains germes pathogènes sur les espèces végétales que consomment les herbivores ce qui fait qu'on constate plus fréquemment la diarrhée au sein de ce groupe d'animaux. La pollution des eaux par les pesticides affecte également le gros bétail. Signalons que dans le bassin, chaque ménage dispose au moins de 2 à 4 têtes de bœufs pour la culture attelée. Quant à la production halieutique, c'est seulement 40 % de la population échantillonnée qui s'adonnent à cette activité. En effet, ces derniers exploitent le fleuve Ouémé et ses affluents de grande importance pour la production halieutique. En situation de pluie abondante, ces masses d'eau sont débordées, ce qui, d'une part, favorise l'émigration des poissons, surtout des mares pour des destinations très peu connues et, d'autre part, entretient un terrain favorable pour une migration d'autres espèces de poissons à faible valeur commerciale. En période chaude où les températures sont très élevées, on assiste au réchauffement des eaux des mares qui contiennent très peu d'eau, ce qui entraine la mort des poissons et surtout des alevins par manque d'oxygène dissous (eutrophisation). L'eutrophisation est accélérée par les fortes températures et l'illuviation des résidus d'engrais favorisent le foisonnement des algues et des plantes aquatiques. Ainsi, la production halieutique est affectée selon leurs dires.

3.2.3- Effets sanitaires des aléas hydroclimatiques dans le bassin versant de l'Ouémé à Bétérou

L'impact des événements hydroclimatiques sur la santé humaine est traduit par la recrudescence des maladies hydriques dans le bassin. Les maladies hydriques identifiées dans les localités parcourues sont entre autres le paludisme, les diarrhées, les infections respiratoires aiguës et l'anémie. Boko *et al.,* (2004) ont montré que dans le bassin du Zou les affections dont les taux d'incidence sont plus élevés dans le sont le paludisme (4,4 à 12,44 % entre 1988 et 1997) et les infections respiratoires aiguës (3,58 à 7,11 % entre 1988 et 1997). Ces maladies sont surtout liées à la variabilité des conditions atmosphériques ambiantes. La figure 27 présente les affections fréquemment rencontrés dans le bassin versant de l'Ouémé à Bétérou.

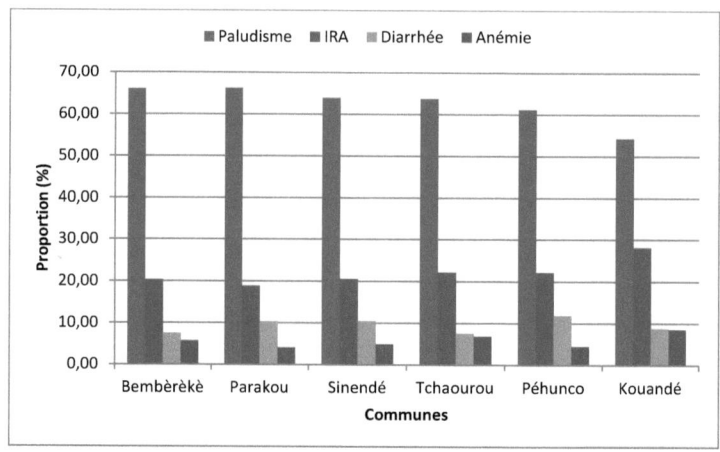

Figure 27: Répartition des principales affections rencontrées en consultation dans les formations de 2002 à 2012
Source : Cellule Statistiques /MS, 2013

De l'analyse de cette figure 27, il faut signaler que les affections dont les taux sont plus élevés dans le bassin versant de l'Ouémé à Bétérou sont le paludisme (65 % des affections à Bembèrèkè entre 2002 et 2012).

Les infections respiratoires aigües et les diarrhées sont respectivement, la deuxième et la troisième cause des consultations dans les formations sanitaires de la zone. Il n'ya pas de différence sensible dans la manifestation de ces affections chez les hommes comme chez les femmes.

Les modifications des paramètres physico-chimiques et bactériologiques de l'eau utilisée par les populations tant en période de crue que de sécheresse seraient à l'origine des affections relatives au manque d'hygiène et d'assainissement.

Les populations font face à des maladies de diverses formes de maladies que se soit en saison sèche qu'en saison pluvieuse.

Le recours aux sources d'eau polluées avec des taux élevés des germes pathogènes rend constamment vulnérables ces populations. Avec toutes ces affections dont les populations sont exposées, il est certains que les populations du bassin versant de l'Ouémé à Bétérou sont profondément éprouvées par les aléas hydroclimatiques aussi bien en temps d'inondations que de sécheresse.

D'une manière globale, la manifestation des extrêmes hydroclimatiques n'épargne aucun secteur.

Pour tenter d'évaluer des impacts des inondations sur les composantes du milieu et les activités socio-économiques, le cadre de référence pour l'évaluation de l'importance des impacts des inondations de l'ABE(1998), a été utilisé. Le tableau XI présente la matrice d'évaluation de l'importance de ces impacts.

Tableau XI : Matrice de Léopold sur l'évaluation des impacts des inondations dans le bassin de l'ouémé à Bétérou

Phénomènes	Composantes du milieu	Impacts	Source de l'impact	Nature de l'impact	Etendue de l'impact	Durée de l'impact	Degré de perturbation	Importance de l'impact
Inondations	Air	Pollution de l'air	Stagnation des déchets dans les eaux	Négatif	Ponctuelle	Temporaire	Moyen	Faible
	Eau	Pollution de l'eau	Présence des déchets dans les cours d'eau	Négatif	Locale	Temporaire	Moyen	Faible
		Alimentation des cours d'eau	Crue	Positif				
	Sol	Dégradation du sol	Particules du sol emportées par les eaux	Négatif	Locale	Permanente	Fort	Moyenne
		Fertilisation du sol	Dépôts des limons et des matières organiques	Positif				
	Bâtiments	Dégradation des bâtiments	Absence de conduite d'eau et stagnation des eaux	Négatifs	Locale	Permanente	Moyen	Faible
Agriculture		Destruction des cultures	Négatif	Locale	Temporaire	Fort	Agriculture	
		Baisse de la production agricole	Crue	Négatif	Locale	Très fort	Forte	moyenne
Pêche		Baisse des produits de pêche	Crue	Négatif	Locale	Faible	Faible	faible
Budget		Budget en baisse	Baisse des recettes	Négatif	Locale	Moyen	Faible	moyenne
Santé		Maladies	Présence des eaux stagnantes	Négatif	Locale			
Emplois		Perte d'emplois	Crue	Négatif	Locale	Temporaire	Faible	faible
Psychologie		Peur et crainte	Crue	Négatif		Temporaire	Forte	faible

Il ressort de l'analyse du tableau XI que les risques climatiques majeurs que sont les inondations impactent l'agriculture vivrière, les terres, la pêche, la santé humaine, les ressources en eau et la biodiversité dans tout le bassin.

Ainsi pour réduire le nombre des affections et aussi les effets néfastes des aléas hydroclimatiques les populations développent des stratégies d'adaptions.

3.3- Stratégies d'adaptation aux contraintes hydroclimatiques développées dans le bassin versant de l'Ouémé à Bétérou

Les différentes stratégies d'adaptation développées par les populations pour résister aux effets induits par les contraintes hydroclimatiques, varient suivant les secteurs d'activité (agriculture, élevage, pêche). Mais la plupart de ces stratégies demeurent inefficaces et méritent des améliorations.

3.3.1- Perceptions endogènes des phénomènes hydroclimatiques dans le bassin versant de l'Ouémé à Bétérou

Les savoirs endogènes sont généralement utilisés pour répondre à la modification périodique ou permanente de l'environnement et aux menaces qui pèsent sur la vie des populations.

Ainsi des indicateurs endogènes d'annonce de début et de fin des saisons et perceptions des phénomènes hydroclimatiques en milieu bariba, Dendi et nagot. Ces groupes socioculturels se retrouvent dans le milieu d'étude.

Plusieurs signes permettent d'identifier l'apparition et/ou le départ des saisons. Les végétaux, les animaux, l'observation de la lune, du soleil, des étoiles sont quelques uns des signes que les populations détiennent depuis des générations. Pour Sandeep (2011), il existe plusieurs croyances populaires, transmises de génération en génération et souvent héritées du monde paysan, expliquant que le temps à venir peut être prévu en observant le comportement des animaux.

Ainsi chez les baribas le début de la saison sèche peut être perçu à travers divers éléments. L'apparition des piques bœufs (boukabo) est beaucoup plus utilisée pour connaitre le début de la saison sèche.

La saison des pluies appelée « *Woubourou* », signifie « période de pluies ». Elle dure 7 mois (de mi mars ou début avril à fin octobre) et est d'une forte intensité.

Le tableau XII présente les signes d'annonce de début de la saison des pluies chez les baribas.

Tableau XII : Signes d'annonce de début de la saison des pluies

Nom en baribas	Nom en français et/ou scientifique	Manifestations
Dombou	Néré / *Parkia biglobosa*	Apparition de fruits mus annonce la saison des pluies
Samounon souambou	*Ximenia americana*	Sa floraison annonce les premières pluies.
Dambaka	Iroko/ *Chlorophora exclsa*	Début de fleuraison de l'arbre
Tiogo (gounombou)	Petit calao à bec noir/*Tocqus nasitus*	Migration vers le Nord
Boukabo (gounombou)	Héron garde-bœuf/*Bubulcus ibis*	Migration vers le Nord

Source : enquête de terrain, Novembre 2013

De l'analyse de ce tableau XII, il faut remarquer que les populations utilisent beaucoup la faune et la flore pour déterminer les débuts des différentes saisons.

Les populations sont ici unanimes sur l'efficacité des indicateurs. D'autres signes fondés sur l'observation de la nature annoncent également le début de la saison pluvieuse.

Chez les nagot par exemple le début de la saison sèche est remarquée la récolte de la majorité des cultures. Il y a aussi le jaunissement des herbes et la chute des feuilles. La floraison d'acajou (*Anacardium occidentale*) et l'apparition des oiseaux migrateurs tels le corbeau (*Corvusalbus*) communément appelé « Tikpa », le héron (*Bubulcus ibis*) communément appelé « lékéléké », l'épervier (*Accipiterbadius*) communément appelé « atcha » sont connus des signes marquant le démarrage de la saison sèche.

Les signes annonciateurs de la saison des pluies « assiko ojo » chez les nagot sont entre autre la formation des nuages (kùkù), le retour des oiseaux migrateurs, l'apparition des cigales (uwɛ) avec des cris intempestifs dans la journée et des criquets (ugi), maturité des fruits de néré (ugba) et karité (ɛmin), apparition des petits perdrix (ɔmon akpao). Les savoirs endogènes sont aussi généralement utilisés pour répondre à la modification périodique ou permanente de l'environnement et aux menaces qui pèsent sur la vie des populations. Ainsi en cas de grave sècheresse, les populations estiment avoir des forces pour faire revenir la pluie.

Bien que la modification climatique ait un déterminisme scientifique, les paysans se réfèrent à d'autres fondements pour expliquer le dérèglement climatique (Houndénou, 1999). Ainsi, selon les communautés rurales, la modification climatique est due à la colère des dieux contre la population pour la violation permanente des interdits, pour cette raison, des sacrifices sont faits pour implorer l'indulgence des dieux. D'aucuns pensent que c'est le non respect des personnes âgées par les jeunes qui explique la péjoration climatique.

Les aspects socioculturels d'adaptation aux contraintes climatiques et hydriques sont complétés dans la recherche de solution par la modification des pratiques culturales.

3.3.2- Stratégies d'adaptation dans le secteur agricole

C'est dans le secteur agricole que l'on retrouve plus de stratégies développées par les acteurs, pour faire face aux aléas hydroclimatiques.

Les mesures d'adaptation aux contraintes climatiques et hydriques, sur le plan agricole concernent les associations culturales, la mise en valeur des bas-fonds, les rotations de cultures, les assolements, l'augmentation des superficies cultivées, l'utilisation des engrais, l'adoption de nouvelles variétés de cultures, le réajustement du calendrier agricole aux types de cultures.

Ainsi il ressort des travaux de terrain que la totalité des agriculteurs enquêtés font recours de plus en plus aux fertilisants chimiques de synthèse pour avoir des rendements acceptables.

Selon eux, ils ne peuvent plus avoir une production acceptable sans utilisation d'engrais. En dehors de la culture du coton, ils sont plus dépendants aujourd'hui de l'engrais pour la production vivrière (maïs et sorgho). Il faut signaler aussi 51 % des interrogés affirment qu'ils font de plus en plus usage des insecticides de synthèse dans la lutte contre des ravageurs.

Parmi les enquêtés, 40 % ont développé comme stratégie les semis précoces. Après une pluie, les semis se font simultanément à cause des risques liés aux fluctuations inter- annuelles des pluies. Compte tenu des variations climatiques et des changements des précipitations, les producteurs s'intéressent de plus en plus aux variétés précoces qu'aux variétés tardives.

La récolte de céréales se fait généralement sur pieds, après quoi les tiges sont coupées pour améliorer l'aération des cultures encore sur place comme le niébé et le sorgho tardif. Les travaux de terrain montrent que 95 % des agriculteurs font des semis échelonnés et/ou répétés pour résister aux effets des changements climatiques. C'est donc une stratégie adaptative développée par les agriculteurs pour répondre aux variations intra saisonnière observées en période de pluie.

C'est une technique qui consiste à mettre en terre les semences d'une même spéculation à différentes dates et sur différentes parcelles. Les cultures concernées sont surtout le coton et le maïs.

Selon les dires des communautés rurales, cette technique est utilisée pour plusieurs raisons. D'abord, parce que les plantes ne puisent pas les mêmes nutriments dans le sol; aussi, les résidus de certaines plantes produisent des éléments nutritifs à d'autres plantes. Ensuite, en cas de rupture de la saison des pluies, les plantes à exigence hydrique les plus faibles donnent un rendement acceptable (Houndénou, 1999) et en cas de pluviométrie exceptionnelle celles qui sont exigeantes en eau résistent plus. Les associations culturales visent à profiter au maximum d'une saison de pluie courte. Donc pour réduire les effets néfastes directs ou indirects du climat sur le système agroalimentaire, les populations doivent s'adapter et les systèmes économiques devront être adaptés aux futurs contextes climatiques imaginés par les modèles de simulation. Cette adaptation est d'autant nécessaire au Bénin que l'agriculture reste et demeure pluviale (Ogouwalé, 2006).

Les paysans adoptent aussi l'association des cultures comme igname + maïs + haricot ; maïs + petit mil + haricot ; Maïs ou Sorgho + sésame + Gombo… essentiellement au niveau des champs de case généralement très fertiles. La photo 7 présente l'association igname+manioc+sorgho à Bétérou

Photo 7 : Association igname+manioc+sorgho à Bétérou
Prise de vue : KOUDAMILORO O. Novembre, 2013

Cette photo 7 montre un champ d'igname en association avec manioc avec le sorgho. La gestion des aléas climatiques et l'insuffisance des espaces agricoles a entraîné la disparition de la jachère et impose au même moment plusieurs types d'association culturale.

La pratique de la jachère relève de l'histoire dans la plupart des localités. L'abandon de cette pratique s'explique par la pression démographique, l'éclatement des familles et par voie de conséquence l'insuffisance d'espace agricole. Conscients du problème de pauvreté des sols, les producteurs utilisent quelques pratiques pour y remédier. Il s'agit entre autre de l'apport du fumier organique, du parcage des animaux et des engrais minéraux. Mais ces stratégies endogènes restent très peu efficaces face à l'ampleur des dégâts causés par les crises et catastrophes naturelles. Dohami (2013) a trouvé également des résultats similaires en montrant qu'a Bonou, dans le domaine agricole, de nouveau calendrier cultural est mis en place afin de produire des cultures de contre saisons dans la plaine d'inondation très fertile, humide et profitable appelé communément, ''*wôglé*'. A cela s'ajoute les associations culturales, la mise en valeur des bas-fonds, les rotations de cultures, l'augmentation des superficies cultivées, l'utilisation des engrais et l'adoption de nouvelles variétés de cultures.

Mais ces mesures sont très souvent insuffisantes ou inefficaces, ce que confirment les études de Ayéna (2013) qui a montré que les stratégies développées par les populations sont insuffisantes au regard de la complexité des événements hydrométéorologiques. Certes, les stratégies développées par la population contribue un tant soit peu à la réduction de ces risques et elles doivent être couplées au système local de gestion des crises que propose cette étude afin de réduire efficacement les impacts néfastes des risques hydroclimatiques.

Conscients de cette situation, il s'avère indispensable de proposer un modèle de simulation et de gestion des risques.

3.3.3-Mesures et moyens de renforcement des outils de prévention et de gestion des risques hydroclimatiques

La gestion des catastrophes est, à l'heure actuelle, parmi les plus grands défis du développement durable auxquels sont confrontés les pays pauvres. La République du Bénin est exposée à plusieurs types de catastrophes qui ne sont pas uniquement d'origine naturelle. Si ses caractéristiques géomorphologiques le rendent vulnérables à certains aléas de la nature, force est de reconnaître que l'activité humaine influence le climat ; ce qui augmente les risques de catastrophe.

Mais il faut signaler que différentes institutions sont responsabilisées pour élaborées des produits de vigilance et de contribuer à la prévention et à la gestion des risques hydroclimatiques (Kodja, 2013). Parmi ces structures on la DPPC qui conformément au décret n°2007-465 du 16 octobre 2007 portant attributions, organisation et fonctionnement du MISP et à l'arrêté ministériel n° 98-124/MISAT/DC/SG/DPPC du 28 juillet 1998 portant organisation et fonctionnement de la DPPC. Elle est une structure chargée de tout mettre en œuvre sur toute l'étendue du territoire national pour prévenir les sinistres et alerter à temps les autorités et les populations concernées. Dans ce cadre, elle élabore des plans de sauvetage et de protection des populations en cas de sinistre et à l'occasion des catastrophes naturelles ; elle évalue les besoins des populations sinistrées, centralise et coordonne les secours à apporter.

Dès lors il convient de signaler que le schéma décisionnel pour la prévention et la gestion des risques devra impliquer les autorités de la DMN, du MISAT, les élus locaux, les météorologues communautaires, qui utiliseront les moyens radiophoniques, les services des crieurs publics locaux, etc. pour répercuter les informations et les mesures prises. Le système d'alerte socio-technique est fondé sur les pratiques socioculturelles de gestion des contraintes climatiques et hydriques que développaient les populations et sur les techniques que recommandent l'OMM et les organismes hydrologiques.

Compte tenu des difficultés rencontrées par les populations le système d'alerte suivant (figure 21), semble plus cohérent au regard des moyens dont dispose les différentes localités potentiellement vulnérables aux risques et crise naturelles. Ayena (2013) propose dans le même sens un modèle de gestion des risques hydrométéorologiques, fondé sur une approche écosystémique qui intègre à la fois les connaissances scientifiques et les savoirs endogènes.

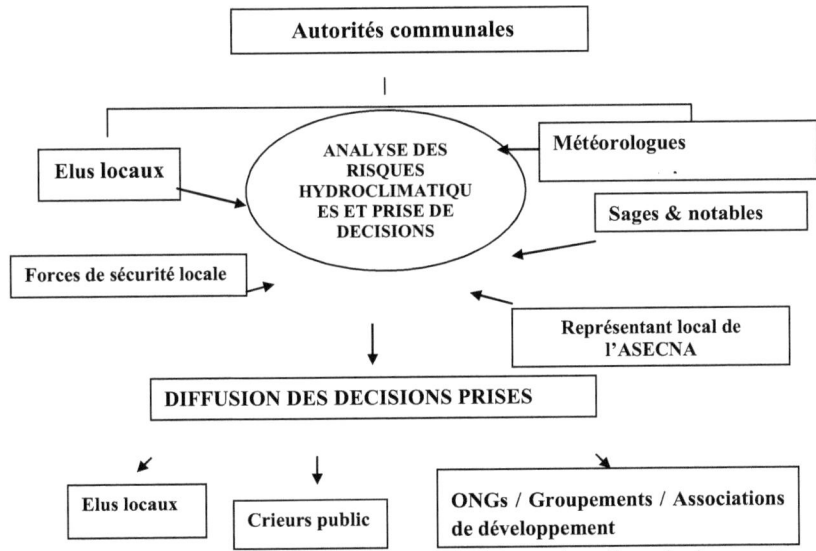

Le système proposé ici intègre les informations ethnoclimatologiques et ethnohydrologiques issues des travaux de terrain. La figure 28 présente le système intégré d'alerte et de gestion des risques à suivre pour réduire l'effet néfaste des aléas hydroclimatiques.

Figure 28 : Système local de gestion des crises des crises hydroclimatiques
(**Source :** LACEEDE, 2004)

Les premières réactions adaptatives et correctives (réactions immédiates) sont constituées de sacrifices, de conjuration du danger des risques incarné par la divinité identifiée, d'assistance et secours aux sinistrés. Les météo-communautaires sont aussi sollicités pour provoquer la pluie en cas de sécheresse prolongée et de difficultés d'approvisionnement en eau. L'alerte de risques et crises naturelles est annoncé par les services compétents après consultation des divinités. L'information est relayée au niveau communal où les élus locaux, en collaboration avec le Conseil de sages prendront des dispositions intégrées de parade en fonction des dangers que courent les populations.

Les actions à moyen et long termes devront être orientées dans le sens d'une prévention et d'une anticipation des dangers liés aux risques et crises naturelles. Le modèle propose ainsi un certain nombre de mesures destinées à empêcher les populations de favoriser les facteurs de risques. Par conséquent, les cérémonies cultuelles et rituelles de mitigation périodiquement pratiquées par les chefs religieux, à l'endroit des divinités qui régissent la gestion des ressources climatiques et hydrologiques dans les différentes localités béninoises, seront subventionnées. Dans le même temps, les structures techniques décentralisées devront œuvrer au respect de toutes les règles d'une bonne occupation/utilisation des terres sur toute l'étendue du territoire national. Ce système d'alerte est similaire à celui proposé par Kodja (2013) pour la gestion des risques hydroclimatiques de la basse vallée de l'Ouémé.

Pour ce travail, l'outil d'analyse utilisé est « Pression-Etat-Impact-Réponse » (PEIR). En effet, le modèle PEIR est un outil d'analyse et de gestion environnementale. La figure 29 modélise le cadre conceptuel et théorique des risques hydroclimatiques.

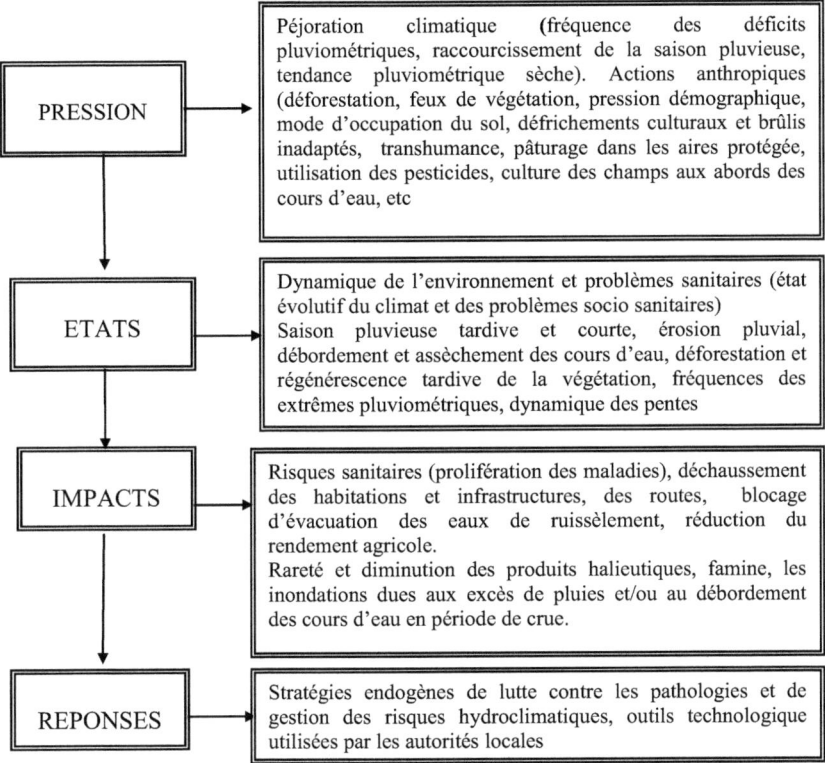

Figure 29 : Analyse des risques hydroclimatiques avec le modèle PEIR

De l'analyse de cette figure 29, il ressort que les péjorations climatiques et les actions anthropiques sont les facteurs de pressions qui se manifestent sur l'environnement. Cela se traduit par les indicateurs environnementaux, sociaux et économiques. Mais aussi par le niveau actuel de dégradation de l'environnement. Cela a amené à l'identification des enjeux environnementaux liés à la pression et aussi a l'analyse systémique de leurs composants.

De cette analyse, il ressort que l'état actuel de l'environnement a beaucoup d'impacts d'où des mesures correctives et stratégies d'adaptation pour réduire les effets néfastes. Les réponses constituent l'ensemble des stratégies (préventives, curatives, palliatives) mises en œuvre pour s'adapter ou atténuer les risques hydroclimatiques.

Conclusion générale

Au terme de cette recherche qui a pour objectif global d'analyser les risques hydroclimatiques et les impacts de ces contraintes dans le bassin versant de l'Ouémé à Bétérou.

Elle vise entre autre l'identification des risques hydroclimatiques dans le bassin versant de l'Ouémé à Bétérou et la détermination des stratégies de gestion des risques climatiques et hydriques. Pour atteindre ces objectifs, cette étude s'est appuyée sur des jeux de données très variés : pluie, température, évapotranspiration potentielle, écoulement, etc.

La dynamique hydroclimatique du bassin versant de l'Ouémé à Bétérou, analysée à travers le modèle PEIR combiné aux approches statistiques multi variées, a permis de déterminer la tendance d'évolution climatique et hydrologique dans le bassin étudié.

Cette étude a aussi montré que la perception des aléas climatiques vécus par le monde paysan de ce milieu, est basée sur les savoirs endogènes enregistrés au contact de leur environnement de tous les jours. Dans la tradition des différents groupes socioculturels du secteur étudié, les risques hydroclimatiques sont attribués à la violation des interdits et à la profanation des points d'eau mythiques protégés par les divinités.

Il faut aussi souligner que la mauvaise répartition des pluies dans le temps et dans l'espace, le décalage du début des saisons ont des effets sur les activités des populations or dans le bassin de l'Ouémé l'agriculture est la principale activité qui occupe la majorité des populations. Cette activité étant largement tributaire des pluies, elle se trouve sans doute affectée par la récession pluviométrique.

Pour réduire les conséquences de ces aléas climatiques, les paysans ont développé des stratégies qui sont puisées dans les savoirs endogènes mais aussi des savoirs exogènes. Au nombre de ces stratégies d'adaptation développées, il y a l'extension des terres agricoles ; l'utilisation intensive des intrants agricoles ; les semis échelonnés; la modification du calendrier agricole ; la mise en valeur des bas-fonds.

Certaines de leurs stratégies d'adaptation, comme l'extension des terres agricoles, portent atteinte à l'environnement et s'avèrent souvent inefficace.

C'est pourquoi cette étude propose un système local de gestion des crises hydroclimatiques qui intègre à la fois les connaissances scientifiques et les savoirs endogènes. Ce modèle pourra guider et orienter les planificateurs de développement local intégré. Toutefois, des investigations méritent d'être poursuivies pour non seulement améliorer le modèle, mais pour l'actualiser constamment afin de transformer les risques et contraintes hydroclimatiques en potentialités. Pour cela l'étude doit être poursuivie afin de mieux approfondir la connaissance des impacts des risques hydroclimatiques dans le bassin versant de l'Ouémé à Bétérou.

Cette étude sera intitulée «Gestion des risques hydroclimatiques dans le bassin versant de l'Ouémé à Bétérou », car la gestion du risque inclut typiquement l'appréciation du risque, la prévention du risque, le traitement du risque, l'acceptation du risque et la communication relative au risque (GIEC, 2012).

Perspectives pour les travaux futurs

En Afrique, les récentes études menées par le GIEC évoquent à l'horizon, pour l'environnement et l'homme, des risques hydroclimatiques (inondations, sécheresse, vague de chaleur, pluies et averses violentes…), liés à ces changements climatiques (GIEC ,2007).

Ces phénomènes climatiques extrêmes touchent régulièrement de multiples secteurs notamment l'agriculture, la sécurité alimentaire, les ressources en eau et surtout la santé (FAO, 2012 ; OMS, 2012).

La variation spatio-temporelle de la mosaïque des climats en Afrique Subsaharienne (aride, semi-aride, tempéré et humide) constitue non seulement un facteur de risques de catastrophes mais aussi un des principaux éléments de la vulnérabilité des populations. De plus, la quasi dépendance des systèmes socioéconomiques (agriculture, activités agropastorales, santé, ressources d'eau, énergie, etc.) du rythme climatique constitue un facteur de forte sensibilité de cette région à forte croissance démographique (Totin, 2012).

Selon World Bank (2008), bien que l'Afrique Subsaharienne ne soit pas une région de prédilection pour les catastrophes, sa plus grande vulnérabilité est liée aux facteurs physiques, sociaux, économiques et environnementaux qui affectent négativement la capacité des populations à sécuriser et protéger leurs activités génératrices de revenus.

Au Bénin, les études réalisées sur les impacts de la variabilité hydroclimatique ont révélé des variations des facteurs climatiques et hydrologiques au cours de ces dernières décennies. Ces variations se traduisent par une baisse des précipitations sur l'ensemble du territoire (plus importante au Nord qu'au Sud) et une hausse généralisée des températures qui influence l'environnement socioéconomique et physique à travers les risques hydroclimatiques particulièrement ceux des inondations (Vissin et al., 2011; Kosmowski et al., 2012).

Dans ce contexte de vulnérabilité face aux risques hydroclimatiques, il a été établi dans la Communication Nationale Initiale du Bénin (CNIB) et dans la stratégie nationale de mise en œuvre au Bénin de la Convention Cadre des Nations Unies sur les Changements Climatiques (CCCC-Benin), que les régions méridionales du pays sont soumises à des inondations récurrentes et à l'érosion côtière, pendant que la sécheresse est demeurée le risque climatique majeur dans les régions septentrionales (MEHU, 2001, 2003).

Des études se sont focalisées sur la variation climatique et ont montré que la vulnérabilité physique du Bénin est liée aux fortes pluies, aux inondations, aux sécheresses, à l'érosion côtière et aux phénomènes épidémiques (Amoussou, 2010). Cette vulnérabilité est accentuée par des facteurs socioéconomiques et environnementaux, en particulier la grande dépendance de l'agriculture à la pluviométrie. L'installation des populations dans les zones inondables ou les lits des fleuves et des lacs, met en évidence le problème d'aménagement du territoire et d'occupation du sol.

Le bassin versant de l'Ouémé à Bétérou sous l'influence d'un climat tropical soudanien avec une saison sèche de mi-octobre à avril et une saison pluvieuse de mai à octobre. La pluviométrie annuelle moyenne est de 1130 mm (Totin et al., 2007).

Actuellement, les couverts végétaux naturels sont en pleine évolution du fait de l'anthropisation agro-pastorale croissante de la zone (Judex et al., 2009) : les forêts sont de plus en plus défrichées (par brûlis) au profit de culture de rente (coton et anacarde) ou vivrière (igname, manioc, maïs, sorgho, mil et riz).

Le bassin versant de l'Ouémé à Bétérou se caractérise aussi, dans son ensemble, par un relief peu accidenté. Il montre cependant, du sud au nord, plusieurs types de milieux physiques, principalement commandés par un gradient climatique méridien, légèrement modéré par l'altitude (Akognongbé et al., 2013).

Aussi la tendance climatique est marquée par une diminution des hauteurs de pluie et du nombre de jour de pluie (Lelay, 2006).

Face à cette tendance du climat, les paysans ont diverses perceptions et développent de ce fait une panoplie de stratégies d'adaptation. Ces perceptions et stratégies sont souvent peu rapportées par les études sur les modifications du climat. Aussi, les modifications de la couverture végétale observées ces dernières décennies au Bénin, sont-elles causées d'une part par l'influence anthropique et d'autre part par les variations du cycle hydrologique. De telles modifications soulèvent des questions importantes.

Cette situation entraîne une diminution des ressources en eau et la dégradation du couvert végétal. Par ailleurs, l'analyse des hydrogrammes dans le bassin supérieur du fleuve Ouémé à Bétérou a montré une diminution des volumes d'eau écoulés. Le coefficient d'écoulement varie entre 11 % en année sèche à près de 30 % dans les années humides (Kamagaté, 2006).

Ainsi, la problématique de gestion des risques naturels est donc un enjeu majeur, notamment au cours de la manifestation des crues et inondations (Kodja, 2011).

Donc cette étude se focalisera uniquement sur les causes de la vulnérabilité et du niveau de vulnérabilité des populations face aux aléas hydroclimatiques et sur les stratégies d'adaptation développées. Elle sera intitulé *Gestion des risques hydroclimatiques dans le bassin versant de l'Ouémé à Bétérou.*

- ➢ Comment les aléas hydroclimatiques sont-ils perçus par les populations locales dans la tradition historique ?
- ➢ Quels sont les effets qu'induisent ces aléas hydroclimatiques sur le milieu et le quotidien des producteurs agricoles ?
- ➢ Comment peut-on réduire efficacement les impacts négatifs des aléas hydroclimatiques dans le but de contribuer au bien-être des populations ?

Hypothèses de recherche

Dans le but de mener à bien cette étude les hypothèses suivantes ont été formulées :

- ✓ les paramètres climatiques et les actions anthropiques contribuent à la manifestation des risques hydroclimatiques dans le bassin versant de l'Ouémé à Bétérou
- ✓ les risques hydroclimatiques impactent les populations et l'environnement dans le bassin versant de l'Ouémé à Bétérou ;
- ✓ les stratégies d'adaptation développées face aux risques hydroclimatiques sont insuffisantes et peu efficaces.

Pour vérifier ces hypothèses, des objectifs ont été fixés.

Objectifs de recherche

L'objectif global de cette étude est d'étudier la vulnérabilité et les stratégies d'adaptation des populations dans le bassin versant de l'Ouémé à Bétérou face aux risques hydroclimatiques.

Spécifiquement il s'agit de :

- ➢ Analyser les perceptions des risques hydroclimatiques vécus par les producteurs agricoles dans le bassin versant de l'Ouémé à Bétérou ;
- ➢ Déterminer les causes de la vulnérabilité des populations face aux risques hydroclimatiques
- ➢ Répertorier les mesures d'adaptation développées par les populations locales pour faire face aux effets induits par les changements climatiques.

BIBLIOGRAPHIE

Abdoulaye D., 2010 : Impact de la dynamique des états de surface sur l'écoulement dans le sous-bassin de l'Ouémé à Bétérou: Mémoire de DEA. FLASH UAC. Abomey-Calavi (Bénin), 88p.

Adam K. S. et Boko M., 1993 : Le Bénin; Edicef, Paris, 96p.

ADF VII, 2010 : Gestion des risques climatiques : Savoirs, évaluation, alerte rapide et réactions. Document de travail n° 4, Ethiopie, 10-15 octobre 2010.

Afouda F., 1990 : L'eau et les cultures dans le Bénin central et septentrional : étude de la variabilité des bilans de l'eau dans leurs relations avec le milieu rural de la savane africaine, Université de Paris IV (Sorbonne), Institut de Géographie, Thèse de Doctorat nouveau régime. 428 p.

Aho N., 2006 : Evaluation concertée de la vulnérabilité aux variations actuelles du climat et aux phénomènes météorologiques extrêmes. Rapport de Synthèse. PANA-Bénin/ MEPN-PNUD, Cotonou, 52p.

Ahouansou B. 2011: Impacts des inondations sur les activités socio-économiques dans la commune d'Athiémé, Mémoire de maîtrise de géographie, DGAT/UAC. 78p

Akobundu I. et Agyakwa C. W., 1989 : Guide des adventices d'Afrique de l'Ouest. IITA, Ibadan, Nigéria, 522 p.

Akognongbe A., Amoussou E., Vissin E.W., 2013 : Impact de la variabilite climatique sur les ressources en eau du bassin de l'Ouémé à l'exutoire de Bétérou in actes du XXVIème colloque de l'Association Internationale de Climatologie, 5 p

Amoussou E., 2010 : Variabilité pluviométrique et dynamique hydrosédimentaire du bassin-versant du complexe fluvio-lagunaire Mono- Ahémé- Couffo (Afrique de l'Ouest) Thèse de Doctorat, Université de Bourgogne, 313 p.

Anctil François, Larouche William et Van Diem Hoang, 2000 : Analyse régionale des étiages 7jours de la province de Québec. Water Quality Research Journal of Canada, 35(1), 125-146.

Ardoin-Bardin S., 2004 : Variabilité hydroclimatique et impacts sur mes ressources en eau de grands bassins hydrographiques en zone soudano-sahélienne. Thèse de Doctorat, Université Montpellier II, 437 pages.

Atchadé G., 2011 : Impacts de la variabilité pluviométrique sur les ressources en eau superficielle du bassin du Zou. Mémoire de DEA/EDP, Université d'Abomey-calavi, 84P.

Avahounlin F. et Fassinou E., 2007 : Contribution à l'élaboration d'une carte de faciès chimiques des eaux souterraines exploitées par la SONEB au Bénin; Mémoire de Maîtrise ès-sciences naturelles, FAST/UAC, Abomey-Calavi (Bénin), 64p. + annexes.

Avahounlin F., 2010 : Modélisation des étiages au Bénin; Mémoire de Master Recherche, Chaire UNESCO-CIPMA/FAST/UAC, Abomey-Calavi (Bénin), 46p. + annexes.

Ayéna A. A., 2013 : Gestion des risques hydrometeorologiques dans la commune de Malanville, Mémoire de maitrise, UAC/FLASH/DGAT. 87 p

Beangaï N., 2003 : Etude de la variabilité pluviométrique dans le bassin centrafricain de l'Oubangui : recherche d'impact ; le cas de l'écoulement. Mémoire de DEA en Climatologie, CRC Dijon, Université - Bourgogne, 56 pages

Bergaoui M. et Alouini A., 2001 : Caractérisation de la sécheresse météorologique et hydrologique: Cas du bassin versant de Siliana en Tunisie. Sécheresse 12 (2): 205-213.

Bigot S., et Diedhiou A., 2005 : Apport de données de HRV et de SPOT pour l'étude des variations phénologiques dans le bassin de l'Ouémé (Bénin); Télédétection, (4) pp. 339-353.

Blaikie P., 1985: The political economy of soil erosion in developing countries, Longman, London, 286p.

Boko M., 1988 : Climats et communautés rurales du Bénin. Rythmes climatiques et rythmes de développement. Thèse d'Etat, 2 volumes, 608 p.

Boko M., 2004 : Gestion des risques hydro-climatiques et développement économique durable dans le bassin du Zou. Université d'Abomey-calavi/Laboratoire de Climatologie. 51p

Bokonon-Ganta E. B., 1987 : Les climats de la région du Golfe du Bénin (Afrique de l'ouest), Thèse de Doctorat de 3e cycle. Université de Paris IV, Sorbonne, 248 p + annexe

Boussard J. M., 1979: Risk and uncertainty in progamming models: a review in Roumasset, Boussard, Sigh, 1979

Brou T. Y., 2001 : Climat, mutations socio-économiques et paysages en Côte d'Ivoire. Mémoire de synthèse des activités pédagogiques pour une HDR, Abidjan, 226 pages.

Brunet-Moret Y., 1968 : Etude générale des averses exceptionnelles en Afrique occidentale. Rapp. de synthèse, ORSTOMIQEH, Paris, 25p

Brunet-Moret Y., Chaperon P., Lamagat J.P., Molinier M., 1986 : Monographie hydrologique du fleuve Niger. Tome 1. Niger supérieur. Monographies hydrologiques, ORSTOM, Paris, 8, 396 p.

Cantat O., Brunet L., 2001 : Discontinuité géographique et particularités climatiques en Basse-Normandie. Annales de Géographie, n° 622, pp. 579-596.

Carbonnel J. P. et Hubert P., **1992 :** Pluviométrie en Afrique de l'Ouest soudano-sahélienne : Remise en cause de la stationnarité des séries. In l'aridité : une contrainte pour le développement. Editions ORSTOM, 37-51.

Dacharry M, 199 6 : Dictionnaire français d'hydrologie, http://webworld. unesco.org /water /ihp/db/glossary /glu/index dic.htm

DG-Eau, 2008 : Annales hydrologiques des années 2003 à 2007, Cotonou (Bénin), 198p.p.

DH., 1985 : Carte hydrogéologique du Bénin. Fonds européen de développement Géohydraulique Echelle 1/500000.

Dimon R., 2008 : Adaptation aux changements climatiques : Perception, savoirs locaux et stratégies d'adaptation des producteurs des communes de Kandi et de Banikoara, au Nord du Bénin. Thèse du diplôme d'Ingénieur Agronome, FSA, 125p.

Dionne G., 2006 : Gestion des risques. Rapport d'activités du 1er juin 2005-31 mai 2006. Chaire de recherche du Canada sur la gestion des risques, mai 2006, HEC Montréal.

Donou B., 2007 : Dynamique pluvio-hydrologique et manifestation des crues dans le bassin du fleuve Ouémé à Bonou, Mémoire de maitrise, UAC/FLASH/DGAT. 108 p

Doukpolo, B., 2007: Variabilité et tendances pluviométriques dans le nord-ouest centrafricain : enjeux environnementaux ; Mémoire de DEA, UAC, 73 pages.

Dumolard P., Charleux L., 2005 : Les statistiques en Géographie. Belin, 240p

ELDIN M., 1989 : Le risque en agriculture. ORSTOM. Coll. Champs, 617p.

Eténé C. G (2010) : Hydrologie urbaine de Bangui et ses impacts socio-environnementaux. UAC/FLASH/LACEEDE. Thèse de Doctorat unique, 232 p + Annexes

FAO, 2007 : L'adaptation aux changements climatiques centrée sur les personnes: intégration des questions de parité. Rome, Italie

FAO, 2011 : Stratégie de gestion des risques de catastrophe en Afrique de l'Ouest et au Sahel | FAO (2011 -2013)

Feizouré C. T., 1994 : Conséquences de la variabilité hydroclimatique sur l'érosion dans le bassin de l'Oubangui (Centrafrique). Mémoire de DEA en Climatologie, CRC Dijon, Université de Bourgogne, 50 pages

Frecaut, R. et Pagney P., 1983 : Dynamique des climats et de l'écoulement fluvial. Masson ; 240 pages

Gaillard J.C., 2010: Vulnerability, capacity and resilience: perspectives for climate and development policy, in Journal of International Development, Policy Arena, vol.22, pp.218-232

GAR, 2011 : Réduction des risques de catastrophe: Révéler le risque, redéfinir le développement. Bilan mondial 2011, 20 pages

George P. et Verger F., 1996 : Dictionnaire de la Géographie. Sixième édition mise à jour, PUF, 500p.

GIEC, 2007 : Bilan 2007 des changements climatiques. Contribution des Groupes de travail I, II et III au quatrième Rapport d'évaluation du Groupe d'experts intergouvernemental sur l'évolution du climat (publié sous la direction de). GIEC, Genève, Suisse, 103 p

GIEC, 2012 : Résumé à l'intention des décideurs. In : Gestion des risques de catastrophes et de phénomènes extrêmes pour les besoins de l'adaptation au changement climatique. Rapport spécial des Groupes de travail I et II du Groupe d'experts intergouvernemental sur l'évolution du climat. Cambridge University Press, Cambridge, Royaume-Uni et New York (Etat de New York), Etats-Unis d'Amérique, pp. 1 à 20.

GIEC., 2001 : Bilan 2001 des changements climatiques: Mesures d'atténuation, Groupe d'experts intergouvernemental sue l'évolution du climat, Genève, Suisse, 96 p

Glossaire International d'Hydrologie, 1992 : http://www.cig.ensmp.fr / ~ hubert / glu / aglo.htm

Guilcher A., 1979 : Précis d'hydrologie marine et continentale. 2ème édition, Masson, paris. 344p.

Harreau C., Nicou R., 1971 : L'amélioration du profil cultural dans les sols sableux et sablo-argileux de la Zone tropicale sèche Ouest-africaine et ses incidences agronomiques. CNRA Bambey, IRAT, Sénégal, Bull. Agron; no.3, p.8-45.

Houinato M. R. B., 2001 : Phytosociologie, écologie, production et capacité de charge des formations végétales pâturées dans la région des Monts Kouffé (Benin), Laboratoire de Systématique et Phytosociologie/Faculté des Sciences/ULB, Bruxelles (Belgique), 241p.

Houndénou C., 1999 : Variabilité climatique et maïsiculture en milieu tropical humide l'exemple du Bénin, diagnostic et modélisation, Université de Bourgogne Dijon, Thèse de Doctorat, 390 p.

Houssou-Goé S., 2008 : Agriculture et changements climatiques au Bénin : Risques climatiques, vulnérabilité et stratégies d'adaptation des populations rurales du département du Couffo. Thèse du Diplôme d'Ingénieur Agronome, FSA, 140p.

IDID, 2010 : Revue d'information sur le développement et les changements climatiques. ESACC'info. Parution n°1 Mars-Mai 2011

INSAE, 2003 : Troisième Recensement Général de la Population et de l'Habitation, Février 2002, Synthèse des résultats; Direction des Etudes Démographiques, Ministère du Plan, de la Prospective et du Développement, Cotonou (Bénin), 35p.

Judex, M., Röhrig, J., Schulz, O. et Thamm, H.-P., 2009 : IMPETUS Atlas du Bénin. Résultats de recherche 2000 – 2007. Troisième édition. Département de Géographie, Université de Bonn, Allemagne.

Kamagaté B., 2006 : Fonctionnement hydrologique et origine des écoulements sur un bassin versant de milieu tropical de socle au Bénin : bassin versant de la Donga (Haute Vallée de l'Ouémé), Montpellier (France) ,310.p

Kendall M.G., 1962 : Ranks correlation Methods. Charles Griffin (3ème Ed.)

Kodja D. J., 2011 : Prévision des Crues sur le bassin versant du Zou à Atchérigbé avec le modèle GR2M. Mémoire de Maitrise, Université d'Abomey-calavi, 104P.

Kodja D. J., 2013 : Etudes des risques hydroclimatiques dans la vallée de l'Ouémé a Bonou, Mémoire de DEA/EDP, Université d'Abomey-calavi, 102p

Koumassi H., Houndénou C., Vissin E. W., 2012 : variabilité hydroclimatique et productions agricoles dans la basse vallée de mono à Djanglanmè (Commune de Grand- Popo) in Rev. Spe. Jour. Sci. FLASH, 15p

Laborde J.P., 2002 : Méthodes de détection des anomalies et du comblement des lacunes dans les séries de données, à l'usage des climatologues... et de quelques autres, Actes des Journées de Climatologie de la Commission « Climat et Société » du Comité National Français de Géographie, Strasbourg, pp. 47-66.

Le Barbé L., Alé G., Millet B., Texier H., Borel Y., et Gualde R., 1993 : Les ressources en eaux superficielles de la République du Bénin; ORSTOM/DH,

Le petit Robert, 1996 : VUEF, Paris, 2003

Lequien A., 2002 : Analyse et évaluation des crues extrêmes par modélisation hydrologiques spatialisée. Cas du Bassin versant du Vidourle. Mémoire de DEA, Université de Montpellier II, 67p.

Liénou, G., Sighomnou, D., Sigha-Nkamdjou, L., Mahé, G., Ekodeck, G. E. et Tchoua F., 2003 : Système hydrologique du Yaéré (Extrême-Nord Cameroun), changements climatiques et actions anthropiques: conséquences sur le bilan des transferts superficiels. In: Hydrology of Mediterranean and Semiarid Regions, 325p

Littré E., 1972 : Dictionnaire de la langue français e, deuxième édition.

Magnan A., 2009 : Proposition d'une trame de recherche pour appréhender la capacité d'adaptation au changement climatique, Vertigo la revue électronique en sciences de l'environnement, vol. 9, n° 3, 10p

Mahé G.; Dray A.; Paturel J.E.; Crès A.; Koné F., Manga M.; Crès F.N.; Djoukam J.; Maiga A. H.; Ouedraogo M.; Conway D.; Servat E., 2002 : Climatic and anthropogenic impacts on the flow regime of the Nakambe River in Burkina. In: Regional Hydrology: Conference held at Cape Town, South Africa, (ed. by Van Lannen H. et Demuth S.), 69-76. IAHS Pub. 274p.

Merleau-Ponty M., 1990 : La structure du comportement, Universitaires de France, collection « Quadrige », Paris, Presses., p. 235-236.

Meylan P. et Musy A., 1999 : Hydrologie générale : Analyse fréquentielle. Annale revue hydrologie. 19p.

Molinier M., Cadier E., 1985 : Les sécheresses du Nordest brésilien", *Cahier ORSTOM. Série hydrologie*, vol. 11, n° 4, 23-49.

Muhigirwa G., 2011 : L'approche de prévention et de gestion des risques naturels au Burundi et le droit international de l'environnement, Mémoire de Diplôme en gestion de l'environnement, Institut des Nations Unies pour la Formation et la Recherche, 85p

Mulindabigwi V., and Janssens M.J.J., 2003 : Land Use, Farming Systems and Carbon Sequestration in Ouémé Catchment in Benin; paper presented at Kassel-Witzenhausen: Challenges to Organic Farming and Sustainable Land Use in the Tropics and Subtropics, Tropentag, Kassel (Germany), University Kassel. éd,

Musy A. et Higy C., 2003 : Hydrologie, Une science de la nature Presses Polytechniques et Universitaires Romandes, Vol. 1, 309 p.

Nielson P., Chino T. Brown M., 2002 : Pauvreté et changements climatiques : réduire la vulnérabilité des populations pauvres par l'adaptation. Consultation à la huitième Conférence des Parties à la Convention des Nations Unies sur les changements climatiques. New Delhi

Ogouwalé E., 2006 : Changements climatiques dans le Bénin méridional et central : indicateurs, scénarios et prospective de la sécurité alimentaire, LECREDE/ FLASH/ EDP/ UAC, Thèse de Doctorat unique, 302 p.

Ogouwalé E., 2001 : Vulnérabilité /Adaptation de l'agriculture aux changements climatiques dans le département des collines. Mémoire de maîtrise de Géographie, Université d'Abomey-calavi, 119p.

Ogouwalé E., 2004 : Changements climatiques et sécurité alimentaire dans le Bénin méridional, Mémoire de DEA, UAC/EDP/FLASH, 119p.

Ogouwalé R., 2013 : Changements climatiques, dynamique des états de surface et prospectives sur les ressources en eau dans le bassin versant de l'Okpara à l'exutoire de Kaboua, LACEEDE/ FLASH/ EDP/ UAC, Thèse de Doctorat unique, 203 p.

OMM, 2006 : Prévention de catastrophes naturelles et atténuation de leurs effets. Bulletin

OMM, N°993. www.wmo.int

Oyéniran R., 2011 : Contribution à l'étude des approches endogènes d'adaptation des producteurs agricoles à la variabilité climatique dans le bassin supérieur de l'Ouémé à Bétérou. Mémoire de maîtrise de Géographie, UAC/FLAH/DGAT, 83p

Paturel J. E. et Servat E., 1996 : Procédure d'identification de « rupture » dans les séries hydrologiques ; modification du régime pluviométrique en Afrique de l'ouest non sahélienne. In «L'hydrologie tropicale : géoscience et outil pour le développement ». IAHS Publ, n° 238, pp 99-110.

Petit Larousse, 2007 : Grand Format. Paris Cedex

Pettitt A. N., 1979 : A non-parametric approach to the change-point problem. Appl. Statistic, 28,2. 126-135.

Roche M., 1986 : Dictionnaire français d'hydrologie de surface avec équivalents en anglais, espagnol, allemand, Masson Editeur ,288p. Roumasset, Boussard, Sigh, 1979

Ruault C., 2008 : L'enquête compréhensive dans une perspective d'action ou d'évaluation. IRC- GERDAL-IRAM, Module de master, ORSTOM ed. Collection Monographies Hydrologiques N°11, Paris (France), 540p.

Schwartz D., 2002 : Méthodes statistiques à l'usage des médecins et des biologistes. 4 éditions, Editions médicales, Flammarion, Paris, 314 pages.

Senahoun J., 1994 : Risques, pratiques anti-risques et attitudes des paysans face aux risques sur le plateau Adja. Thèse d'Ingénieur Agronome. FSA/UNB.

Sounon B., 2007 : Impact de la colonisation agricole sur le milieu dans la sous-préfecture de Tchaourou, Mémoire de maîtrise de Géographie, FLASH, UNB, Abomey- Calavi, Bénin, 159p.

Sounouvou E., 2007 : Comportement hydrogéologique de trois versants aux couverts végétaux contrastés en zone soudanienne (cas du Bénin); Mémoire d'Ingénieur, EPAC/UAC, Abomey-Calavi (Bénin), 94p

Tossa T., 2009 : Profil du bassin de l'Ouémé et caractérisation des sites pilotes (Analyses des données), 64 pages.

Totin V. S. H., 2012 : Analyse de l'existant en matière de systèmes d'alerte et de produits de vigilance face aux risques climatiques en Afrique Subsaharienne, 221 pages.

Totin V. S. H., Boko M., Ogouwale E., 2002 : Dynamique de la mousson Ouest africaine, régime hydrologique et gestion de l'eau dans le bassin supérieur de l'Ouémé. LECREDE, 12 pages.

Totin V. S. H., Amoussou E. et Boko M., 2007 : Dynamique de la mousson ouest africaine, régime hydrologique et gestion de l'eau dans le bassin supérieur de l'Ouémé In *Cahier Climat et Développement*, Numéro 4 Septembre pp 44-54

UNESCO 2003 : Les systèmes de savoirs locaux et autochtones. Http : //www.unesco.org/science/fr/ev.php consulté le 14/07/2012 à 21h 31

UNISDR, 2009 : Terminologie pour la prévention des risques de catastrophes. http://www.unisdr.org/, Genève, Suisse. 34P.

Vidal J.-P., Martin E., Franchistéguy L., Habets F., Soubeyroux J.-M.,Blanchard, M. et Baillon M., 2010: Multilevel and multiscale drought reanalysis over France with the Safran Isba-Modcou hydrometeorological suite. Hydrology and Earth System Sciences, 14(3), 459-478. DOI : 10.5194/hess-14-459

Vissin E. W., 2001 : Contribution à l'étude de la variabilité des précipitations et des écoulements dans le bassin béninois du fleuve Niger. Mémoire de DEA, CRC/Université de Bourgogne, Dijon, France, 52pages.

Vissin E. W., Houssou C. S. et Sintondji L. O., 2011 : Stratégies endogènes d'adaptation aux risques hydroclimatiques dans le bassin du Zou, in JS du 2IE, Ouagadougou, 4p

Vissin E.W., 2007 : Impact de la variabilité climatique et de la dynamique des états de surface sur les écoulements du bassin béninois du fleuve Niger. Thèse de Doctorat, Université de Bourgogne, 310 p.

Vodounnon A. J., 2008 : Contribution à l'étude de la caractérisation hydropluviométrique du bassin de l'Ouémé avec le modèle GR2M. Mémoire de Maîtrise de Géographie, UAC/FLASH/DGAT, 83 pages.

Wilhite D. A. et Glantz M. H. 1985 : Understanding the drought phenomenon: The role of definitions. *Water International*, 10(3), 111-120

Yabi I., Chabi P., Afouda F., 2012 : Distribution spatio-temporelle des pluies journalières maximales dans le Benin méridional, Revue Spécial Journée. Spéciale de la FLASH, Volume 2, Numéro 3 Août, 2012, 10p.

Zannou B. Y., 2011 : Analyse et Modélisation du Cycle Hydrologique Continental pour la Gestion Intégrée des Ressources en Eau au Bénin Cas du Bassin versant de l'Ouémé à Bétérou. Thèse de Doctorat, Université d'Abomey- Calavi, 356p

Zoumarou Kassim A. M., 1998 : Etude de la forme des versants à partir de modèle numérique de terrain : Application à la vallée de l'Ouémé. Mémoire de maîtrise de géographie, 73 p.

ANNEXES

QUESTIONNAIRES

I. IDENTIFICATION

Date: --------------------/--------------/---------------------

Nom et prénoms :

Arrondissement: localité :

Objectif 1 : Identifier les risques hydroclimatiques dans le bassin versant de l'Ouémé à Bétérou

1. Quelle est l'activité principale des habitants de votre village ?
....
2. Quelles sont les autres activités ?
Agriculture ☐
Chasse ☐
Exploitation du charbon du bois ☐
Autres à préciser ....
11- Faites-vous de l'agriculture irriguée ?
Oui   Non
Si oui quelle est la source de l'eau que vous drainez ?
....
12- Quel est le cours d'eau qui traverse votre localité ?
....
13- Quels sont les usages faits de cette eau ?
Boisson   ménage   Irrigation   Autres   Précisez………………………………..

14- La qualité de l'eau connaît-elle une dégradation
Oui   Non

Si oui quelles sont les causes de cette dégradation ?
Comblement du cours d'eau   Proximité des champs   utilisation des pesticides
Autres   Précisez ……………………………………………………………………

➢ Caractéristiques de la saison pluvieuse

Dénomination	
Signes d'apparition	
Durée	
Signes de départ	

➢ Caractéristiques de la saison sèche

Dénomination	
Signes d'apparition	
Durée	
Signes de départ	

➢ Quels sont les signes qui vous annoncent l'apparition ou l'arrivée de :

Froid	Sècheresse	Vent violent	Insolation

Objectif 2 : Déterminer les stratégies de gestion des risques climatiques et hydriques dans le bassin versant de l'Ouémé à Bétérou ;
- Quelles sont les activités socio-économiques que développe la population à l'apparition de :

Saison pluvieuse	Saison sèche

- Certaines activités disparaissent ou ralentissent avec la présence de certains phénomènes ?

    OUI ☐ / NON ☐
- Comment les pratiquants des activités vulnérables à l'apparition de certains de ces phénomènes assurent-ils leurs besoins ?
- Ont-ils recours à d'autres activités?
- Lesquelles par exemples ?
- Et pourquoi ?
- Développent-ils des stratégies d'adaptation de leurs activités face aux effets néfastes de ces phénomènes hydroclimatiques.

    OUI ☐ / NON ☐

Objectif 2 : Evaluer les impacts liés aux risques hydroclimatiques dans le bassin versant de l'Ouémé à Bétérou

28- Quels sont les mois :
- Les plus humides de l'année ?

- Les plus secs de l'année ?

29- Quelles sont les années de sécheresse exceptionnelle enregistrée ?

30- Quelles sont les années d'inondation exceptionnelle enregistrée ?

32-Quelles sont les adaptations culturales ?
-En temps d'inondation..
-En temps de secheresse..
- Quels sont les changements que vous avez observés sur les saisons et les phénomènes hydroclimatiques suivants :

Saison pluvieuse	Saison sèche	Sècheresse	Froid	Vent	Inondation

- Depuis combien de temps avez-vous remarqué ces changement ?

....
- ➢ Comment expliquez-vous ces changements ces phénomènes ?
....
- ➢ Quelles sont les stratégies que vous avez développées pour faire face à ces changements?
....
- ➢ Vos stratégies d'identification des phénomènes hydroclimatiques apparaissent-ils toujours efficaces ?
....
- ➢ Comment expliquez-vous l'inefficacité de ces stratégies appliquées depuis toujours ?
....
- ➢ Quelles sont les nouvelles stratégies d'adaptation que vous aimerez mettre en place dans la localité ?

....
....
....

Liste des figures

Figure 1: Situation géographique du bassin versant de l'Ouémé à Bétérou.................. 21
Figure 2 : Régime pluviométrique du bassin versant de l'Ouémé à Bétérou de 1971 à 2010... 22
Figure 3 : Géologie du bassin versant de l'Ouémé à Bétérou.................................. 23
Figure 4 : Formation pédologique du bassin t de l'Ouémé à Bétérou........................ 24
Figure 5 : Evolution de la population sur le bassin de 1979 à 2025........................... 26
Figure 6 : Schéma conceptuel des risques hydroclimatiques dans le bassin versant de l'Ouémé à Bétérou... 29
Figure 7 : Architecture du modèle PEIR... 39
Figure 8 : Variation mensuelle des hauteurs pluviométriques journalières maximales à Bétérou de 1971 à 2010... 41
Figure 9 : Variation mensuelle des hauteurs pluviométriques journalières maximales à Djougou de 1971 à 2010.. 41
Figure 10 : Variation mensuelle des hauteurs pluviométriques journalières maximales à Kouandé de 1971 à 2010.. 41
Figure 11 : Variation mensuelle des hauteurs pluviométriques journalières maximales à Bembèrèkè de 1971 à 2010... 41
Figure 12 : Variation interannuelle des hauteurs pluviométriques journalières maximales à Djougou de 1971 à 2010.. 42
Figure 13 : Variation interannuelle des hauteurs pluviométriques journalières maximales à Bembèrèkè de 1971 à 2010... 42
Figure 14 : Variation interannuelle des hauteurs pluviométriques journalières maximales à Kouandé de 1971 à 2010.. 43
Figure 15 : Variation interannuelle des hauteurs pluviométriques journalières maximales à Bétérou de 1971 à 2010... 43
Figure 16: Evolution journalière de la pluie à Djougou de 1971 à 2010..................... 44
Figure 17 : Evolution journalière de la pluie à Bétérou de 1971 à 2010..................... 44
Figure 18 : Evolution journalière de la pluie à Bembèrèkè de 1971 à 2010............... 44
Figure 19 : Evolution journalière de la pluie à Kouandé de 1971à 2010 44
Figure 20 : Variabilité mensuelle des débits maximaux journaliers dans le bassin versant de l'Ouémé à Bétérou de 1971 à 2010.. 45
Figure 21 : Variabilité interannuelle des débits maximaux journaliers...................... 46
Figure 22 : Relation pluie débit au pas de temps journaliers à Djougou de 1971 à 2010... 47
Figure 23: Relation pluie débit au pas de temps journaliers à Bétérou de 1971 à 2010..... 48
Figure 24: Relation pluie débit au pas de temps journaliers à Bembèrèkè de 1971 à 2010 48
Figure 25 : Relation pluie débit au pas de temps journaliers à Kouandé de 1971 à 2010... 48
Figure 26 : spatialisation des indices de sécheresses à Béterou de 1971 à 2010 53
Figure 27: Répartition des principales affections rencontrées en consultation dans les formations de 2008 à 2012.. 61
Figure 28 : Système local de gestion des crises des crises hydroclimatiques................ 69
Figure 29 : Analyse des risques hydroclimatiques avec le modèle PEIR..................... 71

Liste des photos

Photo 1 : culture d'ignames à Bétérou... 28
Photo 2 : Culture de piment Sanson... 28
Photo 3 : Dégradation des berges par les inondations des crues à Béterou................ 55
Photo 4. Ablation du sol par les eaux de ruissellement en direction du fleuve Ouémé...... 55
Photo 5 : Association de culture (Igname, Sorgho, manioc) à Bétérou...................... 57
Photo 6 : Champs de piment à Bétérou... 60
Photo 7 : Association igname+manioc+sorgho à Bétérou....................................... 67

Liste des tableaux

Tableau I : Effectif de la population échantillonnée... 34
Tableau II: Composantes de la Matrice de Léopold, 1971..................................... 36
Tableau III : Grille de détermination de l'importance de l'impact 35
Tableau IV: Classification de la sécheresse en rapport avec la valeur du SPI 38
Tableau V: coefficient de corrélation entre la pluie et le débit dans le bassin versant de l'Ouémé à Bétérou de 1971 à 2010... 50
Tableau VI: Indice standardisé de précipitations de la décennie 1971 à 1980   52
Tableau VII: Indice standardisé de précipitations de la décennie 1981 à 1990.............. 52
Tableau VIII : Indice standardisé de précipitation de la décennie 1991 à 2000............. 52
Tableau IX : Indice standardisé de précipitations de la décennie 2001 à 2010   52
Tableau X : Calendriers agricoles passés et actuels de quelques cultures   60
Tableau XI : Matrice de Léopold sur l'évaluation des impacts des inondations dans le bassin de l'Ouémé à Bétérou... 64
Tableau XII : Signes d'annonce de début de la saison des pluies........................... 66

TABLE DES MATIERES
SOMMAIRE 1
SIGLES ET ACRONYMES 2
Avant-propos 3
Résumé 5
Abstract 5
INTRODUCTION 6
CHAPITRE I : CADRES THEORIQUE ET GEOGRAPHIQUE DU SECTEUR D'ETUDE 8
1.1-PROBLEMATIQUE 8
1.1.1-Hypothèses de travail 10
1.1.2-Objectifs de recherche 10
1.2-Revue de littérature 11
1.3-Clarification des concepts 16
1.4-Cadre d'étude 21
1.4.1-Situation géographique 21
1.4.2- Milieu physique du bassin versant de l'Ouémé à Bétérou 22
1.4.2.1-Aspects climatiques 22
1.4.2.2-Aspects géologiques 23
1.4.2.3-Aspects pédologiques 24
1.4.2.4-Végétation 25
1.4.3-Aspects humains 26
1.4.3.1-Activités économiques 27
1.4.3.1.1-Agriculture 28
CHAPITRE II : CADRE CONCEPTUEL ET APPROCHE 30
METHODOLOGIQUE 30
2.1-Cadre conceptuel 30
2.2-Données collectées 31
2.3-Outils de collecte des données 33
2.4-Technique de collecte des données 33
2.4.1-Recherche documentaire 33
2.4.2-Enquête de terrain 34
2.4.2.1- Echantillonnage 34
2.5-Méthode de traitement des données 35
2.5.1-Totaux pluviométriques et moyenne arithmétique 35
2.5.2 - Indice de l'écart à la moyenne (Em) 36
2.5.3-Recherche de liaison ou de dépendance statistique entre pluie et lame d'eau écoulée ... 36
2.5.4-Méthode d'étude d'impact des crues : 37
2.5.5 - Approche cartographique des indices de sècheresse 38
2.6-Méthodes d'analyse des résultats 39
CHAPITRE III : RESULTATS ET DISCUSSIONS 41
3.1-Caractérisation des risques hydroclimatiques dans le bassin versant de l'Ouémé à Bétérou 41

3.1.1-Caractérisation des crues et des inondations dans le versant bassin de l'Ouémé à Bétérou 41
3.1.1.1-Variabilité mensuelles des hauteurs de pluie journalière maximales 42
3.1.1.2-Variabilité interannuelle des hauteurs de pluie journalière maximales 43
3.1.1.3-Variation journalière de la pluie dans le bassin versant de l'Ouémé à Bétérou de 1971 à 2010 45
3.1.1.4-Evolution mensuelle et interannuelle des débits maximaux journaliers dans le bassin versant de l'Ouémé à Bétérou de 1971 à 2010 46
3.1.1.5-Variabilité interannuelle des débits maximaux journaliers dans le bassin versant de l'Ouémé à Bétérou de 1971 à 2010 47
3.1.1.6-Relation pluie débit aux pas de temps de journaliers et mensuels dans le bassin versant de l'Ouémé à Bétérou de 1971 à 2010 48
3.1.1.7-Caractérisation des aléas à partir de la corrélation pluie-débit dans le bassin versant de l'Ouémé à Bétérou de 1971 à 2010 50
3.1.2-Caractérisation de la sécheresse 52
3.1.2.1- Cartographie des indices de sècheresse 54
3.2-Effets socio-économiques, environnementaux et sanitaires des aléas hydroclimatiques dans le bassin versant de l'Ouémé à Bétérou 55
3.2.1- Effets environnementaux des aléas hydroclimatiques 55
3.2.2-Conséquences socio-économiques des contraintes hydroclimatiques dans le bassin versant de l'Ouémé à Bétérou 57
3.2.2.1-Effets sur la production végétale 58
3.2.2.2-Bouleversement du calendrier agricole classique 60
3.2.2.3-Conséquences sur la production animale et halieutique 61
3.2.3- Effets sanitaires des aléas hydroclimatiques dans le bassin versant de l'Ouémé à Bétérou 62
3.3- Stratégies d'adaptation aux contraintes hydroclimatiques développées dans le bassin versant de l'Ouémé à Bétérou 66
3.3.1- Perceptions endogènes des phénomènes hydroclimatiques dans le bassin versant de l'Ouémé à Bétérou 66
3.3.2- Stratégies d'adaptation dans le secteur agricole 68
3.3.3-Mesures et moyens de renforcement des outils de prévention et de gestion des risques hydroclimatiques 71
Conclusion générale 75
Perspectives pour les travaux futurs 76
BIBLIOGRAPHIE 80
ANNEXES 90
QUESTIONNAIRES 91
Liste des figures 94
Liste des photos 95
Liste des tableaux 95
TABLE DES MATIERES 96

Oui, je veux morebooks!

I want morebooks!

Buy your books fast and straightforward online - at one of the world's fastest growing online book stores! Environmentally sound due to Print-on-Demand technologies.

Buy your books online at
www.get-morebooks.com

Achetez vos livres en ligne, vite et bien, sur l'une des librairies en ligne les plus performantes au monde!
En protégeant nos ressources et notre environnement grâce à l'impression à la demande.

La librairie en ligne pour acheter plus vite
www.morebooks.fr

OmniScriptum Marketing DEU GmbH
Heinrich-Böcking-Str. 6-8
D - 66121 Saarbrücken
Telefax: +49 681 93 81 567-9

info@omniscriptum.com
www.omniscriptum.com

Printed by Books on Demand GmbH, Norderstedt / Germany